來自宇宙的訊息

Messages From The Universe.

陳漢石 編著

來自宇宙的訊息，廣邀全球科技人才，共商大計⋯⋯
為當前地球面臨的危機與未來科技的躍升共創轉機

來自宇宙的訊息

知道訊息的人，便得到宇宙的奧祕……

- 宇宙中的地球
- 天界的運化
- 地球的歷史與現今的危機
- 影響地球的能量與引力
- 地球「生命起源」基因本質的提昇
- 借將高科技人才的誕生
- 無窮盡能源的開發
- 未來的醫學與科技
- 「科技文明」與「優良傳統」的融合
- 臭氧層的修補
- 人類的進化
- 「崇心演義」的基因再提昇

編輯誌

地球的災難不斷的發生，尤以溫室氣體以及臭氧層破洞所帶來的連環效應，更令人擔心，全人類無不從各個層面來研究解決之道，這是人類本次文明，有史以來的第一次。然而，到底會有多嚴重呢？到底人類該如何拯救呢？

筆者無意間巧遇一系列著作，正針對此議題發表了前所未見的獨到見解，其中敘述了宇宙的起源、地球的古文明、地球災難的原因及解決之道、未來科技的發展、人生的目的，以及宇宙天界高等能量正在如何幫助地球化危機為轉機，眞是讓人嘆為觀止！

原書著作方式和《與神對話》相似，同屬「天人交感－自動書寫」的作品。所不同的是採用在中土已流傳數千年之久的天音傳眞方式，在公開且莊嚴的儀式中進行著。

筆者也曾為一探究竟而參與其中，眼見接受傳眞者一派自如，執持紅筆大紙上飛速寫去，毫無間斷，速度之快令人稱奇，五十分鐘內，竟寫出四千餘字。十五年間持續著作，每週兩次，智慧著作已達1200餘篇學術論文之譜。在您開卷的此刻，著作仍在進行。

這套百科全書（註1），依天音傳眞所示，是集合諸多上昇超越高能之智慧，為未來人類「心靈成長」與

「能量提昇」參考用之工具叢書。

經多次閱讀咀嚼，爲使人人都能得到宇宙奧祕，筆者如履薄冰，採用最淺顯易懂的文字，闡述其思想精華。略分本書爲十二章，每段以標題提綱挈領，最後更附上特殊名詞說明以資參考。希望幫助讀者有如行雲流水般，流暢地閱讀，快速擷取，吸收內化，豐富生命與人生價值。唯，整編內容，限於才學，疏漏錯解難免，讀者於疑惑處，歡迎來訊交流info@holyheart.com.tw。

本書依原文所載，來訊者共計三十二位，包含「宇宙主掌」、「萬靈主宰」、「銀河系本區主掌」，更包含了儒、道、釋、耶、回五教教主，以及多位上昇超越的宇宙高等能量。

本書內容與各種思想心靈書籍大不相同，對科技發展與先進文明著墨甚多，觀其內容皆有助於目前地球危機的化解，而來訊也殷殷提醒，務必趕快廣布全世界。因此筆者認爲得盡速將這些智慧付梓流傳。

此外，尤其重要的，書中多處提到，期待全球科技人才，共同來研究科技瓶頸的化解之道，以謀求全人類的福祉。因此，我們正期盼您的到來與印證！有可能您就是借將人才之一，更是挽救人類命運的救星！

註1：「大道系列叢書」，共計36冊，本書為演繹第28冊「大道天音」所得之精華內容。

推薦序 1
一份自我靈性成長的養料

這個世紀，越來越多想要尋求靈性成長的讀者，有一個共同的質疑，那就是：「一定要進入某種宗教團體才可能在屬於靈的領域修得學分嗎？這個時代，專攻『靈性成長』的課程到哪裡找？」

多年來尋尋覓覓的我，幸運地在許多中英出版的書籍與網路資源中，找到了成長靈性的養料。這本書，正是其中之一，特別值得爲您推薦。

如果您能拋開對通靈訊息的成見與宗教框架的束縛，好奇地探索宇宙和地球的形成過程，以及現今人類何去何從的議題，你會發現這本書所提出的觀點，與目前西方不少知名通靈人士已經廣爲宣說的許多論點，都有相輔相成、異曲同工之妙，甚至有更明晰透澈的說明，讓大家對未來人類靈性成長的方向更具信心，也就是地球人應該打開心胸、開發平等觀、中西合作，因爲，邁向世界大同、地球一家的努力方向，是一致的。

個人靈性的成長與世界進化的方向有絕對的關係，如果您關心地球的未來，您也一定會關心自己靈性的成長。與您分享這本好書，願它爲您帶來成長靈性的養料。

張雅惠 2011／8／23

張雅惠

美國匹茲堡大學語言學碩士/台大外文系
TESOL專業認證/New TOEIC 990滿分

資歷

- 多媒體英語學習教材開發策劃人
- 電腦輔助語言學習（CALL）
- 電腦加強語言學習（CELL）
- TOEIC教學師資訓練
- 英語網路專欄作家
- 電腦與英語教學雜誌，聯合報、中國時報，國語日報專欄作者
- CNN閱聽訓練課程講師，打開英文閱讀力講師，台科大科技英語講師

著作

- 多益過關指南，多益演練試題(1)–終結恐慌，多益演練試題；(2)–過關在望
- New TOEIC新多益題庫大全3–1高分致勝；3–2追分成功
- New TOEIC新多益破題解析
- TOEIC 搶分攻略
- 中譯本《電子郵件與英語教學 E–mail for English Teaching》
- 用電腦學英文DIY——文化大學英語網路教材
- 1390網站：「阿雅教室」專欄
- 英美語言：「CNN偶也會看」&「BBC偶也會讀」專欄

推薦序 2
靈性方能永恆長存

宗教的內涵主要建立在宇宙論與生命論上，這是人類長期以來智慧的累積與發揚。所謂「宇宙論」，是指人與天地的生成關係，存在著自然運行的規律，稱之爲「道」，「道」就在哲學中，也在自然科學中，本書從當代的科技文明，探討人類生命進化的內涵，將科學與宗教結合起來，追究心靈自我提昇的可能性。

所謂「生命論」，是指將人的存在進行有限與無限的統合，肉身是短暫的形式，靈性方能永恆長存，人與鬼神不是對立的關係，是相輔相成的生命延續。

今日醫學科技的發達，不是用來追求肉身的享受，應該用來協助人們致力於靈性的啓發與超越。科學與宗教不是對立的關係，從科學的理解更能讓我們貼近宇宙與了解生命。

謹識於北投書房

2011／12／27

鄭志明教授

1957年生於台灣省新竹市，台灣師範大學文學博士，現任輔仁大學宗教學系教授。曾任南華大學通識學院院長、宗教文化研究中心主任，淡江大學中文系教授，嘉義師院語教系主任。專研中國宗教哲學、民俗學、神話學，近年來偏重在宗教生死學、醫學理論、民間信仰理論等課題。

著有《宗教神話與崇拜的起源》，《宗教與民俗醫療》，《宗教的醫療觀與生命教育》，《宗教神話與巫術儀式》、《宗教與生命關懷》、《傳統宗教的傳播》、《道教生死學》《佛教生死學》、《宗教生死學》、《殯葬文化學》、《民俗生死學》、《中國神話與儀式》、《傳統宗教的文化詮釋－天地人鬼神五位一體》等四十餘種。

推薦序 3
開啟人類無限宇宙視野

自古以來，人們對宇宙的形成、生命的起源充滿了浪漫多彩的幻想，人類渴望了解茫茫宇宙，渴望了解生命的眞相。

當我們試著想去多了解浩瀚的大宇宙與個己生命體的小宇宙之間微妙關係時，可以察覺到宇宙的大磁場能量的確是托浮著也牽引著數以無際大小的浩瀚銀河系，維繫其公轉與自轉的能量，而祂那源源不斷的能量運作的如此精準而順暢，再縮小到微不足道的個己生命體的小宇宙裡的規律的氣息吸納之中，與浩瀚宇宙的大氧氣筒是如此的息息相關而密不可切，就不由得想多探索其維繫整個大宇宙運行能量與規範是甚麼？對我們這些微小的人類眾生來說應該是很値得一探究竟，相信可以從中獲得無限的啓示。

早在公元前350年，希臘偉大的哲學家柏拉圖在一本叫做《對話錄》的書描繪了一個神祕的國度：亞特蘭蒂斯。在書中寫道：「亞特蘭蒂斯不僅有華麗的宮殿和神廟，而且有祭祀用的巨大神壇。」柏拉圖說亞特蘭蒂斯人擁有的財富多的無法想像。亞特蘭蒂斯人最初是誠實善良的，並具有超凡脫俗的智慧，過著無憂無慮的生活。亞特蘭蒂斯人在精神與心靈上的開發著重於整體和諧的宇宙觀，亞特蘭蒂斯人是運用心靈高度開發的人。然而卻在過度文明後，亞特蘭蒂斯人內心開始充滿了膨脹的貪婪與野心，生活也變得越來越腐化，無休止的極盡奢華和道德淪喪，終於激怒了眾神，於是眾神之王宙斯一夜之間將地震和洪水降臨在大西島上，亞特蘭蒂斯最終被大海吞沒，從此只剩下消失的亞特蘭蒂斯之傳說。

相信人類在過度文明開發之後，如何繼續遵循浩瀚宇宙能量體的規範來豐富個己，了解大宇宙能量體運行與吸納之中，如何相互並進提昇個己能量，也讓智慧與心靈成長的同時有所依持而不脫軌，才能讓人類的靈性、道德與智慧正面能量不斷提昇而源源不絕，相信閱讀完《來自宇宙的訊息》能夠開啓人類無限宇宙視野，全新思維的宇宙觀、科技觀、人文觀及生命觀，這也將是給您我微小的人類的最大訊息……

筆於2012／1／5

冠瑋

日本國立千葉大學

日本東京綜合設計研究所

浩正國際表演藝術總監

推薦序 4
上天要每個人都富足

筆者何其有幸，同爲你我面對天災地變作努力，希望藉此序言之字句能表達於萬一。

多年來，沉浸於身心靈平衡、全人開發、能量領域，隱約體悟到：1.「上天要每個人都是富足的，因爲我們有更重要的事做——開發靈性、神性與智慧」；2.「我是這一切的源頭，我的思想創造了這個實相的世界」；3.「宇宙中存在著無窮無盡的資源，足以讓每個人都富足自在」；而，這一切的發生與安排，都只要單純的相信，因爲我值得……。

《來自宇宙的訊息》提供了連結；心靈力量的健全、道德的培養，將會創造出諸多善的據點，這個種子可能是你我，以及個人擴及的家庭，乃至於群體文化的創造，如此而得的「道德氣旋」或許將平衡地球的整體能量場，對改善地球運行軌道的失序、氣候的變遷以及所引發的天災地變有所助益。

本書付梓猶如投石問路，希望更多有志之士，讀懂宇宙捎來的訊息，積極地將宇宙中的超高科技實現於此地球空間，協助人類化解可能面臨的考驗。當然心靈的提昇與祥和是這一切的礎石，畢竟，你我的心靈共同創造了這個共享的集體潛在意識與實相空間。

接下來，回顧《來自宇宙的訊息》具體連結點。

中華文化之道德規範，莫過於綱常倫理，可是21世紀了，還管用嗎？宇宙捎來的訊息中指出，就「三綱」而言，將：

1.「君為臣綱」修整為『君臣忠義綱』；

2.「父為子綱」修整為『父母子女綱』；

3.「夫為妻綱」修整為『夫妻和合綱』。

如此而得的『新三綱』將對人際關係作最佳的調整，讓你我在做人做事都一把罩！

『君臣忠義綱』談論的是公司團體領導者、決策者與部屬、夥伴間的關係，情義相挺、肝膽相照。公司團體必有其核心領導、決策者，本質學能上必須多廣見聞並擁有暢通的邏輯思緒；同時，也要有很多分層負責的人才，共同將一件事情集思廣益、分工合作，如此就能團結力量圓滿成事；大家一條心、上下共一力、泥土變黃金，就沒有不能達成的任務使命了。

『父母子女綱』是指在小家庭架構下，父母親雙方的職能都必需彰顯，不能一味的溺愛。上一代必須花費心力、創造情境，讓子女明白做人做事的道理以期融入社會。未來趨勢生育越來越少，因此，人類素質更要往上提昇。上一代一言一行是兒女的典範，有善的親職教育，才有好的兒女子孫。子女對於父母的信賴是不可言喻的，尊重、體諒、溝通是父母子女使用的「心」語言，子女必須明白父母的付出與辛勞，不可過度消費親情；設身處地，當我們也是自己小孩的父母時，必定也能善盡父母之道。

『夫妻和合綱』在新經濟結構下的小夫妻，經營自己的人生、事業、家庭，需要的是不一樣的關係經營準則！「男女平權、平等對待、共同負擔」合作建立健康的家庭生活，這是多麼的美妙。夫妻和合才有良好姻緣，更容易造就良善後代子孫；家庭的圓滿，讓下一代是在充滿愛的環境下長大，使其對人生、婚姻以及親密關係的期待將更正面、積極、幸福與圓滿。

『新三綱』讓您我遊刃於職場生涯、家庭婚姻……等人我關係之中。《來自宇宙的訊息》許您身心靈平衡與祥和，為您注入不同能量，讓宇宙的充沛與富足充滿您的身心與人生，成為2012預言之下，上天在找的『遴選人才』。

Sharon S.Y. Huang

釋賢 熱力分享於2012／1／5

釋賢

從事貿易行銷、財商開發；並致力於非營利組織之重塑與推廣。

前言

宇宙天界期盼天下眾靈皆能在人類世界提昇靈性與心性。然而人類世界這六萬年來，一直難有眞正平順的生活空間，以致於難以提昇心靈。因此，經諸天界共議後，決定將地球的古文明科技再次移植入地球。

首先，20世紀伊始，宇宙高等能量安排了外星球二百餘萬位高科技人才，在過去的百多年間，陸陸續續來到地球幫助人類研究、發明、創造，稱之爲「借將作用」，未來還會有更多的借將人才到來；同時也下化宇宙演化、天地演繹的眞相呈現給世人；而四億位曾在地球上提昇的人類也再度回到地球，重新學習成長，以達到更上一層次的成就並幫助他人提昇。

又人類進入21世紀後，在科技文明漸漸提昇的同時，也引動了很多的浩劫。所以接續先前著作內容：「將有情眾生的因果，用綱常倫理來成全」，也就是經由道德倫理的運作，來化解人際關係之間看不到的恩怨牽纏，讓世界大同早日來臨。如今再接著剖析，關於未來可能遇到的困難與災禍，讓人類有防患與化解之道，並促成未來科技文明的再提昇，以消滅部分災殃，如此對眾靈的成就將有更大的機緣。

因此，「科技」與「靈性」相互提升，在現在與未來將有密不可分的關係。醫學科技亦有更大突破，不僅可減少慢性、罕見、未知疾病，增長壽元，且透過借將作用促成基因本質提昇，更可讓人類自己成了高能量之生命體，並經提昇超越而達到自體發光的成就。屆時，人類將有眞正長足的進化蛻變。

感謝「理心光明禪師」無私傾囊相授、「崇心團隊」一路上風雨無阻的協助，並誠摯地向「宇宙高能」們獻上最高的敬意。

向2012預言，邁步前進……

——獻給踏上旅程的你

第二章 天界的運化

第三章 地球的歷史與現今的危機

第四章 影響地球的能量與引力

第五章 地球「生命起源」基因本質的提昇

目
contents
錄

目
contents
錄

第十一章 人類的進化

第十二章　「崇心演義」的基因再提昇

第一章 宇宙中的地球

第一回
大道起源 宇宙天音

大道運行的基本準則

首先從宇宙談起，宇宙中所有的星際皆相互串連於大道，而大道也藉此做整體宇宙的運化。宇宙中各星系的自轉與公轉，有相互淨化的力道；且各星系所傳播的天音，會引動所有星球體各自接收不同的訊息，如此使所有萬星萬宿的托浮力道，能相互輔助而不碰撞，此爲大道運行的基本準則。

宇宙的年紀

宇宙的起源甚難考證，且歷經相當多次的重新組合，現今已知的年歲，以地球的時光計算已近七千億年了。

以此古老時光的歲月而言，每一顆星球都是相當年輕的。

宇宙星際的劃分

宇宙星際相當浩瀚無垠，就連宇宙高能也難窺視全貌。

此大宇宙空間，所有的宇宙星際存續在自轉與公轉中，就連《大方廣佛華嚴經》中所云：「三千大千世界」，也還不能說明宇宙的浩瀚。

此宇宙可區分爲近三千五百大星際，也可區分爲五大星際州，分別爲「東勝神洲、西牛賀洲、南贍部洲、北俱蘆洲、中須彌洲」，進一步可再區分爲不同洲域的區塊、星系及星球。其中星際的區分與星球時光年的計算不同有關。

此外，每一部洲的星球體，也可以區分爲「金、木、水、火、土」五大洲，且各有管轄。

星球的形成

在宇宙長遠的歲月中，常有局部的星系消失與浮現。

當宇宙星際相互碰撞後，許多星球會發生爆炸，爾後所產生的強大能量會一直吸納鄰近的星球碎片，並且不分良莠皆吸入其內，使其從一顆小星球逐漸變成巨大的星球，直到飽和爲止。

之後星球內部的運轉，會將所聚集的能量重新組合，大約都要歷經數千萬年，甚至有的需要一至二億年的時光，才能有安穩的空間。

軌道的穩定

不同能量的星球，其間相互吸收、箝制及扶持的同時，會有一股強大的力量來牽制彼此，如此才能按循著各自的軌道來運行。

否則，若吸收力道太強時，就會將鄰近的星球體吸入，進而影響各星球公轉的形成，同時也會吸收其他星球體的內部能量。

此種情況，在所有星球體剛形成時皆是如此，往往持續幾億年，才會慢慢的沉寂下來。

目前的狀況

目前，雖然還有一些星球體會再繼續吸收鄰近的星球，但數量已減少很多了，大部分不會再相互吸納，也不會再相互碰撞，皆按循著各自的軌道，形成一個完整的行星體系。

這就是宇宙整體的起源，到形成當今所有銀河星系中各系各星球體的過程。

宇宙起頭的演化　大道力量相互華
整體星系相吸納　變成自己更偉大
一個星系來拓展　鄰近星球如是沾
能量精華被吸光　變成死寂星球樣

第二回
銀河星系 九大行星

星星與地球

接著來談銀河星系，銀河星系中的每一顆星球，儘管離地球非常的遙遠，但都與人類的生活息息相關。

九大行星與地球

金星、木星、水星、火星、土星、天王星、海王星、冥王星、日、月等十顆星球，再加上地球共十一顆星球體。這些星球體的運行，也就是天象的演化，將關係到整體人類的生存運勢。

這些星球在日辰照耀的同時，都會有相互箝制的拉扯。此種力量相當大，若沒有此種力道的拉扯，恐怕地球與其他星球早已相互碰撞了。

所以，每顆行星的運轉，皆有助於人世間日月盈虧的自然現象。而地球若是脫離此種日月盈虧的現象，恐怕早已變成了一顆死寂的星球體，並形成相當冰寒的世界。

星球偏離軌道的災難

宇宙中無形的大道力量，可制約所有星球免於相互碰撞；同時每顆星球的運行軌道，也都保護著其他星球體的公轉與自轉。

在這相互拉扯平衡的作用中，若是有一顆行星稍稍脫離軌道，就會引發鄰近星球的災難。

例如當部分星球排成一列時，其間星球的運行軌道就會受到些微的影響，之後一段時間，災難就會接踵而至。不僅影響地球也影響其他星球，只是當今的人類科技無法窺視而已。必要明白人類世界的科技，若不能直接影響宇宙星際，人類世界的災難就會一直不斷。

地球水資源的感應

爲何其他行星所散發出來的能量體，會同地球有相互關係呢？這是因爲地球空間中，百分之七十以上是水資源，而人類眾生的軀體當中百分之七十以上，也是由水所組合而成的能量。而地球水資源的潮汐，正是破壞力道的作用點，因此只要另一個星球體稍稍偏離軌道，就會對地球造成很大的傷害。

當今地球能量體的破壞

當今人類災難會一直不斷的原因，除了大家所熟知的人爲破壞，也就是人世間所造就的不良能量體以外，還有一部分是因爲宇宙星際對此銀河星系所產生的不良氣體，已充滿其中。

而當今人類的無明病症，除了與太陽及月亮投射的能量體有關外，也與當今科技所造成的水資源汙染、空氣汙染、農藥汙染，以及諸多人類自體能量所無法排除的不良氣體有關。此外，也與臭氧層的破壞有關。總而言之，這正是地球能量體遭受破壞所導致的結果。

如何度過災難

人類該如何面對地球能量體遭受破壞所產生的災難呢？爲今之計，唯有將整體科技提昇爲「高超越的科技文明」，使人類有眞正提昇超越的基本能量體，並能應用古代「女媧補天」的能量，以彌補臭氧層破洞，才能度過災難。若人類沒有這種觀念，那災難也就無法避免了！

宇宙空間行大道　銀河星系無限妙
九大行星相互連　拉扯力道非常高
人類眾生的災殃　一直跟隨難行樣
能知古代補天術　即可化除大力量

第三回
地球行星 生命含因

行星按循軌道運行的重要性

所有宇宙星際的運行，會托浮著銀河星系的運轉，而形成各顆星球體的「公轉與自轉」。此種的大道運行，在任何銀河星系皆是如此。

而當行星偏離周而復始的運行軌道時，就會有諸多災難發生。就像人類所言的三星串連，或是多星排行一列，以及天狗蝕日等，都會影響每一顆星球的自轉功能；同時也會相互吸納對方的能量，進而引生了諸多災難的降臨。

銀河星系的太陽系

太陽系中所有的行星，其自轉與公轉都必須按循著軌道來運行，否則災殃必定來臨。此太陽系的九大行星，在一般人的觀念會認爲只有一顆星球，然而當今世代科學可以證明土星有四十餘顆衛星。這其中最小的比地球還小，其餘都比地球還大很多。

所以一般人的觀念，無法明白土星星系的基本是什麼？也不了知，尚有諸多衛星存有同地球一樣的生存條件。如此全部依附於土星的星球，其所有生存條件的依附是如何？科技又是如何？當今人類科技是否能證明？

同地球一樣的星球

此外，同地球一樣的星球，在此銀河星系當中共有二十六顆，有的在甚遙遠的宇宙空間中。在這些遙遠，同人類一樣生存的星球上，有些科技已超越地球千百萬倍。部分星球早已能「移地他化」（註：請參閱附錄一），或是「移化他地」（註：請參閱附錄一）。而這兩種移動皆需高能量方能達成，其能量是來自於星球體本身的自體發光，加上生存其中的高能量生物所致。

人類將再次獲得更高超的能量體

在這種高能量體的星球上，人類是無法生存的。唯有讓人類有嶄新的能量體，使人類世界的生存，能達至「自體發光」，並能移地他化或移化他地，方能跟上其他星球的進化。

現今人類世界的生存，正是接續且彰顯地球在第一週期與第二週期當中所有的科技文明。如此，將使人類再次獲得更高超的能量體，而此能量體正是提昇超越的基本。

地球生命含因的真正起源

地球生命含因的起源，必須追溯到整體地球的起源。當今人類的科技，證明此地球只有四十六億年的時光而已。其實地球眞正起源的時光，早已超過六十四億年了。

那這些當今人類科技所無法印證的時空是如何呢？其實，地球第一週期的科技文明，是現在無法比擬的。然而因科技太昌盛，又「獨裁者」內在的心胸無法開闊，引發國度間的相互侵略，造成了整體星球的爆破。之後歷經近二億年時光的重新組合，也就是歷經了所有新興行星的起源後，又形成了本身的運轉功能，一切又重新開始了。

由於此部分人世間尚無法以現代科學來印證，因此地球生命起源的印證也就減少了十八億年的光陰。

地球起源的探索

當下的地球含括著整體人類進化的作用，未來人類科技經由南北極或深海資源中，將印證古文明科技的進化，屆時就會了知地球眞正的生命起源。

地冥星中的含因　生命起源如是引
人類科技能證明　未來南北極中明
深海資源無窮盡　航空移速器要行
動力來源補臭氧　化解人類災禍侵

補充：本文疑義之天音傳真解答

人類問：當今科技證明土星的四十餘顆衛星，全部都比地球小，何以本文中言，最小的比地球還小，其餘都比地球還大很多。這該如何解釋？

宇宙答：這是各種測量之不同，對當今科學所言也有不同的解釋，若言皆比地冥星（地球）較小也無可厚非。經常下一個科學所印證就比當下來的更先進，也將前次來推翻了。目前科學所能印證的，只是在起步階段而已。

第二章

天界的運化

第四回
宇宙運化 天音架構

天界運化日月照耀

由銀河星系來觀，地球是以日月兩星為中心點，千古以來一直延續著此準則，而有日月星辰的光輝照耀。因此產生日夜的相對，如此日復一日、月復一月、年復一年，也就可以統計出人類眾生在地球上生存的光陰。

地球原欲混沌的始末

在過去的某段時期，前任本區主掌深感各朝歷代人世間的疾苦，整個人類世界災禍不斷，民不聊生，男不忠良、女不貞潔，宛如生活在水深火熱當中，且經歷太長久的時空皆甚難改變。因此，甚掛於懷，思之良久，苦無對策，原欲將地球重新混沌一次。此命一出，當時有三十餘位高能，長達七天七夜極力懇求收回成命，最後驚動了宇宙主掌、萬靈主宰等諸天高能，皆認為混沌不可行。因為，一旦歸零，絕非一兩千年內可以重新再示現人道眾生。

科技文明及天音下化的緣由

之後歷經了一位宇宙高能的提議，再經宇宙主掌、萬靈主宰及五教諸天高能共議，認為應將地球「第一、二週期」中，所有的科技文明，再次移植進入人道世界之中；同時也應將天界的「大道天音」下化在人道世界中，使人世間能避免混沌之災難，並經過修整、改變、提昇，而有更大的進步。

如此，再歷經前任本區主掌等共議後，也認爲此可以行之，就收回原本欲混沌的成命，禪讓退位。再交由新任本區主掌作修整改變，將更高科技文明植入地球。

此同時，也就必要向外星球「借將」二百餘萬位高科技人才，下化於人道世界之中，作研究、發明、創造，給予人類眾生有更大的福祉。而將來其他四億餘顆星球的開創，也可以此作爲模範。

天界的選舉

因此，三百六十餘年前（公元1640年～1650年間），在天界有一場選舉，乃選舉本銀河系的本區主掌，候選人的資格有二，一是曾出世爲人者，一是仁義禮智信五種德行完備者。而經推舉後得票數最高者，由於曾降生於戰亂時代，歿度後雖得「五常眞君子」的肯定，但對在世之時，所有戰禍所波及的眾生卻難以圓滿，故拖延二百餘年不敢承接。之後天界再共議：若不能承接，未來人類世界恐難有眞正和平的一日，且萬靈主宰也一直囑託，能上任就能圓滿過去的戰禍與錯誤，於是新任本區主掌思前慮後，方於一百四十餘年前（公元1864年）上任。

天音架構的基本

接著天界也就按循著此機緣來運化，經由本區主掌一方面頒行科技文明創造的政策，昭告寰宇世界；一方面也協助人道世界推行古代之三綱、五常、四維、八德。

此天音的傳播，不僅人間受益，諸天界也受益。當所有的科技文明進入此人道世界後，對未來人世間所有的神祇及古朝代靈，以及有情眾生會有更大的成全與提昇。

而天音的架構也不只如此而已，尚有良多在未來會一一下化的。

參與的天界體系

當時所有參與共議的高能，也必要再次入於人道世界，以協助科技文明的創造，並給予人類眾生嶄新的思維觀念，以提昇自己的能量體。

所有參與的天界體系包含：宇宙主掌的體系、萬靈主宰的體系、本區主掌的體系、南天體系、佛教體系以及著作引導體系等，共八百餘位高能。此因緣相當龐大，其目的就是在當下一定要盡力協助人類，在一世的努力當中，達到上昇超越。至於成果如何？就看大家的努力了！

昊天德澤人間真　諸聖高能共來成
天機科技加一起　未來提昇人類證
有情科學共創造　人類基因更美妙
改造過去的缺點　加速自體發光高

第五回
大道天音 主掌政策

現今人類靈魂的分類

當今人類，可分為「古朝代靈」的原靈眾生，以及科技「遴選人才」（註：請參閱附錄一）的文明眾生。前者的進化，由前任本區主掌掌理；後者由新任本區主掌掌理。

而古朝代的原靈再出生於此人世間，是有其特殊意義的，除了可以將過去所有的因果作一個總結以外，如果，這些原靈眾生可以放掉過去所有的不足欠缺，進入嶄新的時局，就能在此世來成長提昇；但若是執著固化又難改變，且一直徘徊流連於行走靈山體系（註：請參閱附錄一），那麼想要在此一世當中來提昇超越，就很難了！而且錯過了這一世，必要再等待良久的時空機緣，方可再重新進入人世間來學習與成長。因此必要好好把握此次機會！

改朝換代殺戮的殘忍與不公平

過去只要改朝換代，就會有很多無辜的生命遭殺戮，眞是慘不忍睹！

要明白，能出生爲人是相當不容易的事，不是想要來就可以來。而戰禍的災難，讓有情眾生在尚未長大前就已經被殺害了。因此人世間所有可以提昇的資糧源，尚未運用來成長前就消逝了，這是一種相當殘忍的行爲，也相當不公平。

此情況導致難以平等的賦予有情眾生，相同的機會，以至於古朝代靈很難以提昇。

協助民選制度的施行

本區主掌觀此情況，就引用在天界已經傳沿數億年時光之久的遴選制度，協助人道世界民選制度的施行。但昔時中土清朝屬帝制，因緣不合，故先由西方施行。而中土一直等待到清朝末年，「孫逸仙」降生，研究西洋思想，推翻了滿清的朝代，才改用西洋選舉總理的制度，而後又拖延幾十年的時光，方有現今台疆民選制度的施行。

有了民選制度的施行，改朝換代的殺戮才得以避免。

協助古朝代靈「重新出生」

繼協助推行民選制度後，接著在公元1984年之前，將過去五、六千餘年以來，全世界各國的種族與宗教，在各個朝代的殺戮行爲之受害者與護佑者等，其所有的因果討伐，重新檢討，再全部重新施予福祉與德澤後，分批次重新在此時空中出生爲人。同時提供更豐富的資糧源，讓其有更大的提昇超越機會。

這是要提昇人類世界，邁向未來的科技文明，首先要成全的，否則將來會困難重重。

等待天音傳真因緣的成熟

等到機緣成熟了，天界遴選了殊勝的天音傳眞人才，來示現上蒼高能所欲傳達之《大道天音》，讓人類能明白近百年以來一直沒有下化的天機。

協助推行道德規範消弭災難

未來二十一世紀至三十世紀，此一千年當中，炎黃子孫若能將天界協助推行的「新三綱、五常、四維、八德」，匯集在一起，並將其推向全人類世界，以建立嶄新「綱常倫理的道德規範」，提昇人類世界的道德依附，那麼，人世間很多災難的發生就能避險、驟減。

大道天音的架構　上蒼下化高能作
昊天玄靈玉帝德　有情眾生入佛國
天音基礎綱常行　古之道德須重新（崇心）
著作天書來推廣　倫理道德眾有情

第三章 地球的歷史與現今的危機

第六回

第一週期：演星週期－赤龍週期

第一週期

以整體宇宙來觀，地球是一顆相當年輕的星球，正經歷「新行星」的造化過程。地球的「第一週期」分為前半段「演星週期」及後半段「赤龍週期」，其開拓起於大約六十四餘億年前，止於四十六餘億年前。

演星週期－演星進化

演星進化的時代中，又區分為相當多的中週期，每一個時期又可區分為諸多小週期。

當時藉由將所有其他星球過去的科技文明，持續加入地球中，已經造就出相當高的科技文明。當時的眾生雖不能飛行，然亦能借用航空移速器的創造發明，達至文明進化，同時和其他星球也有很大的交流與相互的成長。

土質能量

為何有此演星週期？因為當時整體宇宙創造的同時，已將地球的地質能量，進化為土質能量，如此就能有欣欣向榮的創造。

赤龍週期—赤龍飛天

先前的演星週期，曾同其他星球體相互來促成此銀河系所呈現的浩瀚無垠狀態，再進入後面的赤龍週期。昔時赤龍週期，所有天人萬物大都可以飛行。

第一週期的大爆破—爆破飛散

此赤龍週期呈現更高科技的文明，然而卻產生誰都不服誰的作爲，並藉由科技文明，應用相當強烈的爆破力，造成了整個地球的破碎。

地球曾是一個相當大的星球體

爆破前地球是一個相當大的星球體，約同當今土星星系的中等衛星相類似。爆破後形成很多小星體，一段時間後又匯集在一起。此期間因附近星球的吸納作用，某些小星體就變成了其他星球體的衛星。

昔時地球吸納力道強

爆破前雖然地球上已有高科技文明，但因當時地球的吸引力道相當強盛，有情眾生很難出離地球，因此，生命也就消逝了。必要有相當強盛的能量體，方能自由出離，以逃過災劫。

地球不孤單

地球爆破後，有部分星體植入於土星星系的行列，造成當今的土星星系裡面，有部分存在著與地球相同的能量體，且同人類眾生有密切關係。

當今人類科技，所統計出的土星衛星有四十餘顆，其中就有一顆，有同人類世界一樣的萬物世界，而其世界就是由昔時人類同種文化所產生的，因此，地球不是一個孤單的星球。

三個大週期　千百個中週期　千萬個小週期

另爆破後歷經重新組合，待安定後，再演化一切創造、契機。再經運轉，又重新達到穩定狀態。此同時也就經由了第一週期後，再開啓了第二週期，迄今已是第三週期。這當中每一個大週期，都可分爲數個中週期，再細分爲相當多的小週期，加起來就以一個大週期的名稱，來示現在人道世界之中。否則此地球早已歷經不止千百個中週期，甚至是千萬個小週期，若將每一個小週期及中週期都區分說明，那當今人類就很難清楚掌握其中的奧祕與過程。

演星元會科技知　第一元會了無智
赤龍變化地冥星　爆破形成新星馳
未來科技的證明　其中尚有更古因
能否明晰對人類　正是文明起頭引

第七回
第二週期：寵吉週期－化造週期

第二週期

「第二週期」區分爲前半段的「寵吉週期」及後半段的「化造週期」，其存續起於約四十六餘億年前，迄於近二十六餘億年前左右。

第一週期及第二週期皆有「借將」作用的提昇，當今世代的科技文明也是沿用了古往的借將作用，將能把宇宙整體的進化史，剖析明白。

靈性進化

往昔，整體宇宙星際，在提昇有情眾生的靈性進化方面，就已經相當進步了。由此來觀，當下人類的科技文明，只是剛起頭而已，若想要窺視整體宇宙星際，就必須在科技與靈性的提昇方面多加努力。

寵吉週期另名化造週期

寵吉週期另名化造週期，爲何要取如此之名？因爲當時所有銀河星系當中的星球體，正是此地球最得諸天界寵愛，可說是一個吉祥的星球，當時在其內的萬靈蒼生，皆具有會飛天的能量體，也具有會快速移動的功能體。

這當中有諸多是經過化造的成長，也就是將過去所有存在於其他星球體的優點，移植來此地球之中。因此寵吉週期也可與隨之而來的週期合稱爲化造週期。

生化人的進化

第二週期的科技文明，雖然尚不及第一週期，但第二週期時，在地球尚未爆破之前的科技文明，也足堪與其他星球體相互比擬的。

當時歷經天界的協助，再經由文明科技的創造，人類世界早已進化爲「半生化人」，或是「全生化人」的科技文明。

每次地層變動大約三至四億年

第二週期的名稱，區分爲前半段的「寵吉週期」，及後半段的「化造週期」。這種區分可讓當下的有情眾生較能明白其過程。不然所有整體地球的開拓史，早已可區分爲千百萬個名稱，特別是每一次地層變動之時，就有一次變動的週期名稱，大約都在近三至四億年左右的時光，若以大道系列來著作，恐要好幾本天書方能眞正將這些詳細闡述清楚。礙於時空所限，目前僅能簡短的帶過去，等以後有時空因緣，再詳細將此一一來示現於人道世界之中。

人類基因本質每況愈下

第二週期的科技文明，不及第一週期，對當今人類眾生而言是一個借鏡。可知人類眾生的基因本質，越來越差了，一週期不比一週期了。

因此，天界在昔時，已將其他星球體部分相當優異的科技文明，移植進入地球當中，先適應人類世界的生存習性；又在太陽星系運化，促成星球體間自轉與公轉的平衡；接著再將過去第一週期文明科技的進化，再重新演化於第二週期。

同種能量的文明進化

在第一週期爆破後，此地球破散成諸多的星球碎片及星雲塵埃。而當時同土星運行的軌道距離太近了，其中有一大部分就被目前的土星吸納過去。

當時被土星吸納過去的部分，目前早已進化爲更超越的時空科技。反觀目前的地球，在近十億年前又再一次爆破（註：此爲第三週期前段結束之爆破，除了第一週期赤龍週期地球是整體爆破外，其他皆是部分爆破），又重新組合，再一次產生人類生存的空間。

第二週期的爆破－貪欲的警惕

未來科技將可以印證這些文明後的再一次進化，同時給予人類的貪欲有一個警惕的作用。了知第二週期地球經歷所有的文明進化，曾是一個諸天界寵愛的星球體，然而依此恃寵，引動貪欲，造成「誰都不服誰」的心態，並進行爆破，導致有三分之一的地球又重新來一回，使人類眾生再一次遭受摧殘。所有人世間的萬物蒼生，也重新再一次進入於此人道世界之中。

此就是第二週期－寵吉週期化造過程中的大問題點，也對其他星球體有一個更大的警惕。希望人類眾生能明白該如何進化，該如何提昇成長，千萬不要再步向過去每次週期的後塵！

寵吉元會來化造　人類眾生無限好
因為上蒼的寵愛　沈溺有情災難高
化造星系展文明　比擬其他星系盈
一次一次再進化　人類眾生又重新

第八回
第三週期：蘊傳週期－德弘週期

第三週期

「第三週期」也區分前半段的「蘊傳週期」，以及後半段的「德弘週期」。起於約二十六餘億年前至今。

蘊傳週期—德弘週期

若只依現在人類的科技，想要窺視前兩個週期的科技，必須要再歷經千百萬年。因此第三週期是以科技加入於文明中，讓古代的文明科技能眞正使有情眾生受益。

地球當今的科技正是剛起頭而已。尚不能將「移地他化」或「移化他地」這兩者所需的能量體加入於人種的軀體中。然而未來的眾生，必會演變成「生化人」或是「半生化人」，而有能量的提昇。

進化為生化人的必然性
—紫外線與生化細菌的傷害

第三週期後段名德弘週期，此「德弘」的特點即是將人類眾生的身體，經由生化科技，進化爲半生化人或是生化人，但仍保留所有人類眾生的心性與靈性。

因爲未來地球的臭氧層破洞，如果不能引用中土炎黃古老的「女媧補天」五色石能量，恐怕就會影響人類眾生，以及其他萬物的生存。這不是危言聳聽，正是一步步逼近了。

此種災劫的加速來臨，會對現今人類身體構造造成相當殘酷的破壞。如果，不能進化爲半生化人或生化人，未來的有情眾生根本都不堪太陽紫外線的侵損，恐怕危及人類生存的災殃會一直不斷。

再加上南北極千萬年冰山溶化後，所有古老封存在冰山裡面的生化細菌，會一一呈現出來，對所有人類眾生的身體形成相當殘酷的損害。現今這種的問題已經浮現出來了，是否有改變的方法？其路途必是艱辛的！在所有災難來臨前，必要有未雨綢繆的觀念。

加速發明創造的必須性

人類災難必會加速的，必要加速發明、創造，促成人類的進化，才能來得及避免生化細菌的侵損，這是對有情眾生最嚴重的警告。

此外，由於黑資源燃料的應用，持續對大氣層造成破壞，如不加速發明創造，恐怕在近幾十年內，人類眾生的生存空間，必會深埋在海平面下。

因此必要修整未來的航空器及所有移速器的燃料，而這種科技文明，已經下化人道世界了。只是當今的移速器想要眞正量產，恐怕還要一段時間，再加上了也要有很多的技術改良，方能達至快速的移速動作，因此在未來幾十年後才會大量生產。

加速高等人類品質之進化

同時也要加速人類眾生「心性與靈性及身體」的增長，以進化爲更高等的人類品質。也就是改變過去這六萬年來的生存方式，使未來眾生身體能有基因改變的創造。亦即當人類的身體已經不堪使用時，可以將身體拷貝移植，也就是當下所言之「複製人」。

當人之軀體已經不堪使用了，但靈性、心性、知識、智慧等皆有十足的長進，就可經基因改造進化爲「半生化人」或「全生化人」，將DNA來達至RNA的提昇。而是否能有QNA的自體發光，則取決於每一位眾生自己的選擇。是自己讓自己來進化回歸超越的！

因此，此週期名稱爲德弘週期，此種複製人的科技文明是近幾十年中，就能見到「半生化人」或「全生化人」的主要因緣本。這早已經下化於此人類世界了。不如此，當災殃來臨時，恐怕所有人類眾生「在劫難逃」，會一一消逝的。

因此，此蘊傳德弘－第三週期，進化科技文明是勢在必行的主要任務，且有其急迫性，不能有任何錯誤的。

未來的電力動能及能源

又面對未來人類眾生不斷的災劫，必要應用「深海水資源」或是當下「綠資源」作原料的轉換，以提供未來的電力動能，及移速器的能源。如此，可以不必再經由能源的轉換且能不虞匱乏。此外，還有很多物產也都能使用。且未來電力將不再由國家供應，而是由自己來生產應用。總之，能源的使用將是未來科技文明進化過程的主要依據。

「崇心」未來的任務

「崇心」（註：請參閱附錄一）會在未來中扮演著舉足輕重的角色；所有眾生的生存空間，有諸多是以「崇心」爲主要的創造溝通整合平台。這是必須的，因爲諸天界要對「崇心」施予更大的功能，使所有人類文明展現更新穎的科技，並提供給所有的宗教、國度共享。這是千眞萬確！屆時人類眾生是否留待人世間重新來作人，或是已經能移化他地或移地他化了，就看自己的取捨！

第三元會造德弘　蘊傳天地大道拱
科技文明生化人　能量拷貝天德種
人類生存的資源　擷取能源深海間
所有電能作動力　造福眾生福祉添

第九回
宇宙變化 萬星受劫

大道總樞紐

宇宙整體的運作，正是有個大道的總樞紐，加入所有萬星，使其「托浮」於整體的大宇宙空間之中，並使每顆星球體有其「自轉與公轉」的運轉功能。而此種運轉功能，可促成所有星球不會相互碰撞。

整體宇宙星際的運作，經常有部分星球，會脫離運轉的軌道，形成星球間的相互拉扯及干擾，造成附近的星球體產生災殃。所以，「運行功能」可相互約制這些不良運作的星球體，使其能依軌道自行運轉，以免造成其他星球體之災殃與劫難！

宇宙變化萬星受難

以此地球來觀，早在第一週期或第二週期當中，就曾經歷行星脫序所造成的災殃與劫難。其實在整體宇宙星際當中，這種情況是不斷發生的，只是離開地球太遙遠了，人道世界感覺不到而已。

一般而言，任何宇宙星球產生變化時，就會對鄰近星球產生諸多相互的拉扯及干擾。如果，再嚴重一點，發生碰撞，就會對萬物蒼生所居住的星球體，產生相當大的殺傷力。

這種情況不只發生在脫序的星球體而已，甚至連累及周邊正常運轉的星球體。因為星球碰撞之後，在形成新的星球體的過程中，會對周遭產生吸納作用。

這就是為何會有第一週期、第二週期以及第三週期的形成。此種變化一直都存在，且不只發生在地球而已，所有此銀河星系的每一顆星球體皆是如此。

外來碰撞的阻擋

宇宙星際爆破後，對其附近星球體所形成的災劫是相當可怕的。以人道世界來觀，若遭逢此種災劫，想要一下子就回復往昔的科技文明，根本是不可能的。

此地球第一週期的前半段，其科技文明相當的進化，已可以將會造成地球爆破的星球體，阻擋在外圍。

內部爆破的翻轉

然而第一週期後半段的科技文明，歷經了人心貪求不厭的欲望，對整個地球使用了更殘酷的方法，產生十分可怕的爆破力道，導致整個地球全部翻轉過來，同時所有的萬物也都遭殃。

這種整體爆破導致的翻轉，比其他星球碰撞所造成的損害程度更加嚴重。相較之下，其他外來星球的碰撞，是可以用科技來化解的，但最怕的是由內部直接爆破，因爲所產生的破壞，不是短時間可以復原的。

而其復原過程的演化科學，非當今人類所能明白。爆破後會形成一切重新開始，且要很長的時間，才能再衍化萬物蒼生。

萬物蒼生皆同一種子因

所有宇宙星球體的萬物蒼生，皆是由同一個種子因下化。當今科學印證云：「人類眾生是由猿猴進化者」此種論調是不正確的。如果是這樣，那當今的猿猴也可以進化爲人了，是否如此？此種科學印證差太多了。其實，所有萬物蒼生的基因本質，都有太多相同之處。

萬星受劫後的重新演化

爆破後整體地球會重新再衍化萬物蒼生。人類世界科技所印證的恐龍時代，存在有一億五千萬年的時光，當時大部分的地區是如此，但有一小部分地區，仍有一小部分靈性較高的物種存活，其科技文明也相當進化。

由此種昔時恐龍時代的生存歲月，可了知整體地球的開拓史，又進入一個嶄新的局面。這種長遠歲月的演化，對地球或是其他宇宙星球皆是相同。在此長遠歲月中，若沒有遭受到外來力量的破壞，其內在的科技文明都是比較進化的。

「四兩撥千斤」的科技

以地球來觀，未來在一段時間之後，也會再遭逢其他隕石來破壞，若太多了，也就無法能抵擋得了。不知屆時能否應用第一週期或第二週期的科技文明，將這些隕石來推開，阻擋在地球的外圍？

這種科技是有「四兩撥千斤」的力道，只要計算準確就不會造成地球的損害及災劫。也就是對所有親近此地球，會侵損到地球的隕石，經由一種計算公式，引用科技的力道，來加以推開或阻擋，必要引用如此的科技，才能長保此地球文明進化的成長。

進化星球的保護層

當下的人類科技尚未能應用如此的能量，所以經常會遭逢其他隕石來入侵，也會造成很多難以預料的破壞。

在比較進化的星球，皆能應用科技文明將外圍形成很多的保護層，保護其星球能量；若是科技不文明的星球，那遭逢爆破及隕石的摧殘，也就無法避免了。

科技文明斷層的無奈

整個地球在過去科技文明的斷層中皆是如此，經常遭受爆破及隕石的侵襲，也讓所有萬物蒼生生活在相當恐怖的環境中，這不是天方夜譚，而是千眞萬確地存在於所有比較落後的星球體當中。

而當下的地球也是如此，必要有一大段的時光，方能有此科技文明，將所有侵損的外來隕石加以推開或阻擋，甚且爆破而消逝。若採用爆破方法，又是另一種科技文明，會形成其他星球體，也同時受此破壞力道的影響，至於造成的結果，得視各星球體的科技是如何了。

長保軀體迎接文明

此地球將可以進化爲一個文明的星球體，那在尚未文明前，人類眾生要如何長保軀體而不會損壞？此必觀每位人類眾生的因緣，在近幾十年中科技將能改變基因，也能「複製人種」來提昇人類眾生的成長，而這也是未來科技的必須性！

萬星星系演化揚　宇宙星際進化良
爆破力道大能量　所有星球皆遭殃
人間過程必明白　整體科技星球改
進化文明來創造　福祉萬物蒼生愛

補充：本文疑義之天音傳真解答

1.人類問：地球物種演化是依什麼原則，為何需要經歷恐龍時代？

宇宙答：演化沒原則。恐龍也是人類印證出來的時代而已，此人類計算大約有一億五千萬年，但科學家沒有印證此段期間也有很多高科技文明，不在一般地面上的又如何言之，這就是科技的盲點，每一階段都有不同人種與物種的，有之很文明，有之很落後，又能如何印證？差太多了。

2.人類問：同樣DNA加入不同能量可否產生不同型態的物種？可達到多大的變異？

宇宙答：本即如此，不同DNA加入不同能量就變化出不同的物種。就以人類來言，所有的基因大約有二萬六千組而已，但是玉米就比人類多了一倍多，五～六萬基因組合，汝認為否？（問：若加入高能量於其中是否會…）會變成啥也？試試看吧！

影響地球的能量與引力

第十回
日辰能量 太陽光電

日辰光耀眾生受益

日辰能量是一種源源不斷的能量體，有情眾生幾乎是一直依賴此種能量體的加添。只要是太陽出現後，地球就可以被照耀一大半，並接受光明的洗禮，與能量的加添。

太陽光電的調節

要了知這種能量體是經過反射作用的。若是直接進入此地球當中，就會使有情眾生遭受紫外線的摧殘。如此，必要有調節功能，即是以地球外表的能量體，來阻擋所有進入於地球當中的紫外線，及所有太陽光電的幅射，達到對人類眾生的保護，又此保護過與不及皆非中道。

太陽能尚有待開發

太陽光電的照射能量，讓人類在白天可以清楚的觀視，這就是日辰能量體的應用。但當今人類對這種太陽光電能量的開發，尚不及千百萬分之一。

日辰能量的光電，對所有人類眾生的欣欣向榮而言，將是一種無止盡的德澤。人類的科技若能朝此方向，研究出更超越的運用方式，將會無止盡提供人類眾生很多的光明能量及更大的電能動力，不但能減少很多不良氣體的散發，同時也利於萬物蒼生的生活空間，這才是人類眾生之福。

太陽能回轉力道的應用

由於不良氣體所產生的障礙，讓人類尋求替代能源時了知，在此地球當中，就能應用到日辰太陽光電的「回轉力道」。

此「回轉力道」不是直接吸收太陽光電，而是將太陽光電的能量吸入後，再轉換爲電力，這是不用花大錢的，可以直接改良當下的用電方式，而產生更大的能量體。

太陽能直接且有效

生存在此人道世界的一切眾生，現今皆有應用到日辰能量體，但也只是一小部分而已，尚未擴大到更大的應用範圍。若能如此，就會比當今的風力發電、水力發電、核能發電……等，來得更直接也更有功效。且能提供日常生活達到更舒適、更方便、更普及的功用。

飲鴆止渴的黑資源

在所有可以應用的能量體中，太陽能是不會造成臭氧層破洞擴大的。而黑資源所造成的破壞力量，不但對人道世界產生相當大的傷害，也減短了人類眾生生命。那不是一個良好的能量體，宛如「飲鴆止渴」一樣。

既得利益該放下了

若以諸天界來觀此地球可以應用的能量體是太多、太多了，只是礙於人道世界有部分集團者：「既得利益」、「實得利益」、「未來利益」、「未來得利益」，這四者難以放下，而讓傷害一直擴大。

若人類當下這種利益衝突不改變，在未來一至二十年內，就會有很多其他能量體，來替代黑資源能量的應用。人類將會感受到過去無明障礙所造成的傷害，將是難以彌補的惡夢。

天界提早的警惕

當下這種臭氧層破洞，所帶給未來惡禍連環的殺傷力道，此時人類已稍稍能感知。其實此災難早已來臨了，這不是危言聳聽，而是千眞萬確，已經降臨在人類所生存的地球之中了。

而天界早在近十年左右的時光，已將未來人類世界的災難，著作在「大道演繹」天書之中，提前警惕有情眾生，宜及早改變黑資源的應用。若還不知道警醒，在未來中就會後悔莫及的。

高空航空器燃料加速臭氧層破壞

當今世代依賴此黑資源近百年時光，就已經把地球的天空破壞殆盡，而人類尚不知警醒，還一直認爲無關緊要。

必要明白，人類所使用的黑資源，是蘊藏在地底中一種北方黑色的能量體。

又當今航空移速器蓬勃發展，而影響最多的，正是這些高空中的航空移速器。雖然天涯若比鄰，能拉近人們的距離，但相對的也造成黑資源能量體燃料，散布在地球整體天空當中，加速對臭氧層的破壞。這種破壞力道所造成的災難將不是人類可以了知的，而且已經迫在眉睫了。

長時間高成本的修補

未來的時空中，必要有一段長時間的修整，同時也要付出很多成本代價，才能將這種擴散的大破壞力來加以阻擋，此時人類生存的地球之災殃早已降臨了。

有情眾生有太多的無明，也不知道該如何對所有人類眾生，教化宣揚這種知識。那人類想要有眞正安適的空間，無疑是緣木求魚，將宛如是煎鍋上的螞蟻一般。

星球間的相互幫助

如果，破壞力道再擴大又如何呢？此就是天界一直引以爲憂的一件事，爲了不讓人類世界的災難一直擴大。所以早已經「借將」外太空星球的高等眾生，移植進入此地球當中，作修整改變及創造發明，以遏阻災難一直發生。

人類眾生的災殃　破壞力道一直揚
黑色資源要改變　才能轉換人類障
日辰能量光電耀　有情眾生要明曉
上蒼下化科技材　修整改變福德躍

第十一回
月辰能量 陰冥物資

「太陽光電」與「陰冥物資」相輔相成

有情眾生僅了知日辰能量而已，就連當今的科學家，也只能印證太陽光電，很難對銀河星系另外一種能量的作用，也就是月辰能量的陰冥物資，對太陽光電的成全作用，有更大的科學依據。

太陽光電的熱能，是不能讓有情眾生提昇的。日辰光電照耀之後，必要有月辰能量陰冥物資的再接續，才能相輔相成讓有情眾生提昇。

陰冥物資的修補功能

日辰光明照耀之後就要有月辰靜止的時刻。而人道世界之生存，也是白天活動，夜間靜止休息。

白天太陽光明所照射的熱能，能提供有情眾生生存的原動力。然而大家再想一下，若是長久處於動態的工作中，無法有休息靜止的時刻，是否對身體會造成很大的傷害？正是如此的。

因爲夜間的靜止時刻，正是人道世間必要有的能量補充過程，而此能量就是月辰能量的陰冥物資。

這種比太陽光電更前衛千百倍的能量體，加入於每一位有情眾生的身體當中，就是一種靜（淨）止能量體的修補。所有眾生經由靜止能量的修補後，就能產生十分龐大的能量體，因而有更大的衝勁，來應付明日一切所需的行動力。

這種淨止成長的能量體，有情眾生甚難明白，而人類當下的科技文明，也還不能印證此月辰能量、黑暗物資（陰冥物資）的基本是何也？僅知其名稱而已。

百分之七十左右的星球處於陰冥物資的天下

這種陰冥物資，相較於太陽光電能量體，會有更大的輔助作用。此情況對所有科技文明都是如此。

爲何會這樣？因爲，在整體銀河星際中所有的星球體，受到日辰太陽光電照射的只有百分之三十而已，其餘百分之七十左右，皆處於陰冥物資的天下。

人、地球、宇宙是相互串連的

此情況也同人類的軀體是一樣的。人類的軀體有百分之七十以上是水之能量。又此地球也是百分之七十左右的水資源，整個銀河星系也是百分七十的陰冥物資。

由此，就可歸納出地球是同整體宇宙是一樣的，而人類的軀體也一樣的。古人云：人是小周天，地球是中周天，宇宙是大周天的原理，正是如此，同時也都能相互串連的。

月辰能量就是人類所言的「黑暗物資」。而人類眾生所共存的宇宙能量體都是相同的，由此可知這種月辰能量的陰冥物資（黑暗物資），其能量正是比太陽光電龐大了許多。因此，能應用的範圍是太廣泛了。

陰冥物資與提昇超越

陰冥物資對所有的萬物蒼生，有提昇靜止及淨化的功能，以及修復及彌補的動能。若人類不能了知這種「靜止及淨化」的動作，以及「修復與彌補」的動能體，就很難了知如何回歸超越，也無法眞正達至：回歸、超越、圓滿、乘越。

此種陰冥物資的作用，是第一次在人道世界示現的。必要明白月辰能量的功用，比日辰能量大很多，以及人道世界是處於相互的對待中。

如何看到陰冥物資

如何對月辰能量－陰冥物資通徹呢？這種能量體用肉眼是根本看不到的，人們可以用夜光（視）鏡，加上部分其他的能源，所產生的光源，就能了知這種陰冥物資是十分龐大的，是一種黑暗物資的根本。

未來一半以上的能源

人類以後的能量體，一半以上都必要運用月辰能量的陰冥物資，就連移速器的能源也是一樣。

月辰能量的陰冥物資－黑暗物資，在未來科技文明的應用上是太廣泛了，例舉如下：醫學科技、軀體科技、顯微科技、奈米科技、微奈米科技、總和科技、微總和科技……太多了。

這些會對人們的衣、食、住、行、育、樂，以及未來人體光電的應用，皆占有舉足輕重的分量。只是人類尚要一段時間的研究發明，才能創造此種無窮盡的能量。

科學家的窗口

當未來很多科學家回到崇心後，就可共同討論此問題的化解之道，使未來科技文明邁向更大的提昇。

內蘊含藏月辰量　陰冥物資是黑暗
有情眾生不知曉　以為休息就無妨

難以明晰此來源　正是對汝相互牽
陰陽對待的基本　龐大能量更無限

第十二回
日月星辰 天心引力

日月星辰會影響地球的引力

有情眾生無法明白日月星辰的運行，對地球生存能量的作用是如何？

其實，地球「自轉」與「公轉」的能量體，加上「天心引力」以及「地心引力」兩者，就可以承當所有萬物蒼生在此空間生活。

必要了知在此空間當中，就是以「天心引力」加上了「地心引力」這兩者，將地球托浮於運行軌道之中；而地球能量體運行的同時，也必會引動「天心引力」及「地心引力」兩者的相互作用。

地球外圍的天心引力

當今的科學家，甚少能明晰，爲何天心引力，會對地球有相互吸納的作用。而一般人則只知道地心引力，卻不明白天心引力，是更龐大的能量體。

其實在地球外圍之伽瑪線即屬天心引力，能阻擋所有外來隕石的的拖拉與推動。

且當地球當中的航空器要出離之前，就必要有天心引力，方能順利出離。不然地球外圍的引力，就會直接將航空器來侵損。而有情眾生出離於地球也是一樣的。亦即天心引力對所有航空器，以及有情眾生具神通靈力者，出離地球時，會有具殺傷力道的侵損。因此必要明白其中的問題點爲何。

出離地球的能量

天心引力是一種相當龐大的能量體。一般眾生甚少有出離此地球空間的能力，必要有相當大能量體的「上昇超越者」方可順利出離。且其出離時也要明白出離的力道是如何。

一般人的觀念會認爲，只要是很強大的航空器，就能順利出離，這是不一定的！還是要計算出離能量的基本數值是多少？若是數值計算錯誤了，就會在尚未出離之前，遭受地球外圍伽瑪線與其他能量體的侵損，及其他外圍能量體的消耗，此種問題是一般科學家所能明白的。

天心引力的平等保護

然而，爲何當今時代地球的外圍能量體如此龐大？其實每一顆星球皆是這樣的，也不是只有地球而已，正是每一顆行星、恆星都是有如此的保護層。這正是諸天界運化的準則，若不如此，就很容易遭逢其他來自外太空的侵損，或是隕石來摧殘。

此種天心引力，正是大道的能量，可使所有星球有其運行的軌道，且對所有星球的能量體，也是一種保護的動作，同時也保護著每顆星球有情眾生的生存空間。此外，對每一顆星球體，也都是一樣的平衡運行，如此才不會影響其內的有情眾生。

萬物每天日月能量的吸納

天心引力的功能作用，同日月星辰皆有相互的關連，每一顆日月星辰所運行的軌道，皆有運作能量體間相互吸引與排斥的力量。

必要明白此地球所運行的軌道，是繞著太陽來運行，一天一夜爲一日。如此經由地球的自轉加公轉，方有其日夜的計算，且形成南北半球白天與夜晚的不同。

此外，每天當地球與日辰及月辰這兩顆星球相互交會時，就會形成能量體的吸納作用。而經由日辰光電的能量體，以及陰冥物資的能量體，加入人道世界之中，會讓有情眾生有很大的動能及淨止修補的作用。

當下科技只知道，太陽光電的能量體可以運用來發電，甚難了知陰冥世界所產生的具有龐大力量的能源，正是人類未來必須引用的。人道世界在未來幾十年中，在應用太陽光電的同時，必會引用月辰能量的陰冥物資來利益此地球。

高科技應用的天心引力

天心引力的動能體應用，甚至可以運用在此地球當中，作爲未來所有動能儀器，以及所有航空移速器燃料相輔相成之用，也能運用來彌補當下的臭氧層破洞，這是很如實的。天心引力是一種相當高科技所應用的資糧源。

地球能量的相互對待性

在昔時地球爆破後，所形成於土星衛星當中的兄弟星球，早已比地球科技超越了千百倍之多。而人類當下所居住這顆地球仍然是一個殘酷殺戮的星球體，含有誰都不服誰這種的氣體能量。

地球從這六十四億年來一直是如此，甚難改變也無法改變這種誰都不服誰的能量體。這種都想要成爲統治全世界的第一者的能量體，一直難以改變，過去如此、現在如此、未來也如此。

何原因？就是有個相互對待的差異性！因此甚難以融合在一起，只要一段時間後，就會發生這種相互殺戮的行爲動作。

大家再想一下，就連科技尚未發達的世代當中，是否也是如此呢？需要大家一同用心改變。

天心引力與地心引力的平衡

就天心引力以及地心引力此兩種能量體而言，「天心引力」對地球有保護的動作；而「地心引力」則可促成地、水、火、風這四種能量體形成生存空間，讓每一位有情眾生都受到保護。

然而如果形成地、水、火、風的地心引力太過強盛之時，就會產生另一種會傷害有情眾生的能量體，所以「過與不及皆非中道」。

此外，當地心引力受到天心引力影響時，也經常會產生板塊擠壓，導致岩漿噴發，對該地區所有萬物蒼生的生存空間，形成相當大的殺傷力。

所以地心引力，一邊是護佑有情眾生，一邊也會侵損有情眾生。人類在人道世界會長久安穩否？不也！

然而人道世界的生存，不會太長久的，一般人只有百來年而已，也就無法感知這種無形殺傷力道的可怕摧殘。如果是已經上昇超越者，就會感覺地球生存的困境正是如此！

人類百年歲月的生存困境

地球空間每隔一段時間，就會遭逢外太空隕石的侵損，加上人世間陰陽相互對待的保護與摧殘。想一想，眞是一種相當不穩定的生活空間。

然而有情眾生皆不會感覺到問題的嚴重性，因爲，人類的生命歲月，最長也只不過百年而已，如此又如何感覺此問題在那裡！

如果再扣掉：生長期、教育期、中年期、老年期，所能真正應用的不及五十年歲月。又有幾人，能體悟此問題的癥結點在何處！甚難的。

也因此人類眾生常覺得可有可無，反正百年後又全部歸還此天地之中，什麼也都沒存在，只留下曾經走過的歲月痕跡而已。如此甚難有更大的成長，這就是生存的無奈也！

日月星辰造運行　天心引力來相引
地心引力作成全　經常拉扯破壞盡
人生一世空堪過　無法了知也磋跎
百年歲月的生命　甚難體會天運作

補充：本文疑義之天音傳真解答

人類問：「天心引力」與「陰冥物資」與「大道一炁」有何異同？

宇宙答：天心引力，陰冥物資，大道一炁，何差異。

天心引力是大道一炁的總體根源，如此運轉著宇宙所有大小星球的托浮。陰冥物資只是存在於其當中的能量體而已，差太多了。

第十三回
地心引力

地球的護佑

有情眾生在地球當中生活時，都受到地心引力的約束與護佑。人道世界中，對所有足踏於此地球的眾生而言，必然都受到天地引力的影響。

又人世間來生存的當下，必要明白除了「地心引力」以外，尚有個「天心引力」的護佑。若不如此，就會引動其他災難來侵損眾生的生存空間，進而影響眾生的生活安適。

此外也要明白，爲何地心引力也會造成人類眾生的災殃。舉例而言，若將所有眾生的生存相互拉攏在一起，那地心引力就不足以保護所有的萬物眾生。

地殼的穩定—地心引力的中道

必要明白，地心引力的「過與不及」皆非中道，因爲當地球內部的熱能岩漿，受到地心引力互相的推擠時，會形成一種爆破力。此種爆破力會使地面隆起，產生地震，並施放能量。對人類眾生所造成的災殃程度，就觀推擠力道的大小，及爆破力量的大小而定。

此種地心引力所形成的災難，一般有情眾生甚難了知其原因。

兩大影響力
—天心引力與九大行星的吸引與相斥

當天心引力直接影響了地球的地心引力，會產生很大的破壞力量，此種知識人世間是比較容易明白的。

此外，還有一種不是一般科學家所能印證的天體吸斥力道，會間接影響地心引力的擠壓，造成有情眾生的災殃。就是此銀河系的星球體間所產生的相互吸斥力道。

尤其是九大行星或是其他鄰近星球體，排成一列時，所產生的相互拉扯力道，就會影響所有附近的星球體的運轉功能，同時也破壞了本身的運轉功能。

此是能用科學儀器來證明的。被波及的星球體，經過一段時間後，就會顯現出一種很難平息的轉動，進而產生一種無形的殺傷力。

雖然有情眾生在星球體當中生存時，當星球體稍稍偏離是不會感知的，然而此種偏離，在未來所形成的災難，卻是可怕的。因爲雖然只是一些些，就足以影響每顆星球的自然運轉，也消長及破壞「公轉與自轉」的能量平衡。

人類的疏忽與健忘

此種地心引力，加上星球間的「吸斥力道」與「平衡力道」，再加上「扶持力量」以及相互「干擾力道」等與天心引力相串連的運轉力量，就足以影響地球內在的運轉，產生不適應的現象。

人世間的有情眾生，多半無法感知災難來臨前的警訊，必要等到災難出現後的驚心動魄，才了知災難來臨了。且人類眾生對天然災害也比較容易健忘，不會記取教訓，一段時間後又回復平常，將過去的心驚膽顫忘記了。

所以根本不了知，正是地球空間的「天心引力」影響了「地心引力」，所產生的無常殺傷力。

又有情眾生皆無法有長遠的生命，故也甚難了知地心引力變化當中，所散發的能量體之消逝。

地震與海嘯的原委

當地球之地心引力遭受天心引力影響，或遭逢其他內在因素直接影響時，就會間接影響整體地球的地能熱量，產生岩漿的擠壓，及板塊間的相互排擠。

如此就形成了人世間的地震災害，同時也將海水激盪，形成人類所言之「海嘯」，而此時對眾生的殺傷力就更加殘酷了。如何防止？根本防不勝防，也甚難真正了知其原委。

環環相扣的能量運轉與陰冥物資

雖然當下科技能明白銀河星系的運轉力道，但卻無法了知所有附近的星球體，相互扶持的運轉力量、相互干擾的破壞力道、相互平衡的力道，加上整體宇宙的托浮力量，皆是相互影響的大能量。然而爲何無法明白呢？

又爲何地心引力會影響地震海嘯呢？其實當下科技所無法明白的陰冥物資，正是產生此種大變革的能量體。

當今科學家尙在起步，尙無此觀念，也甚難明白爲何會有如此的災難。只能了知所有星球間的相互關連，至於加入地球當中的能量體是如何？以及所有星球間的「扶持力道、干擾力道、吸斥力道、箝制力道、平衡力道、托浮力道」等，會使地球及鄰近的星球體，形成內部運轉的脫序，而有或多或少的災殃降臨，這種環環相扣的能量運轉，正是有情眾生甚難了知的天機奧祕。

運轉障礙之化除

所以「大道天音」的下化，對人類眾生的生存過程會有很大的影響。期盼未來科技文明能了知，此種能量運轉當中的諸多力道，而能眞正化除其障礙，並使地球有更超越的科技文明之展現，及更超越的福祉之成全，能同第一週期與第二週期相互比擬。

科技文明可印證　宇宙運行大道能
天心引力來干擾　地冥星中災難成
地心引力受牽纏　形成熱能變負擔
板塊擠壓成地震　眾生波及嚇破膽

地球「生命起源」基因本質的提昇

第十四回
地球行星 生命起源

生命起源與生命動能

有情世界的科技文明，甚難了知遠古時代地球的生命起源是如何？對當今科技而言，第一週期、第二週期所有有情眾生的生命起源，是一種相當繁複的生命動能。

地球這六十四億年的時光中，每次地殼變動時，就會產生「滄海變桑田」的反覆動能，將人類眾生一一來摧殘，同時也造成大部分萬物蒼生的生命體消逝了，僅存部分的生命保留在人類世界，存續此地球當中，作未來的種籽因。

地球迄今可區分爲三大總週期，也可以再區分爲六大週期。大約每三至四億年時光中，地球必會重新混沌一次。地球的每次變動，對有情眾生而言，都是一個最苦難的時空因緣。

演星週期－宇宙能量的加入

第一週期區分爲兩個時代的生命起源，前半段「演星週期」，是經由「宇宙能量」直接下化於地球中，正是很高超的生命體進入人類身體當中。當時科技文明相當興盛，能量體也相當超越。

由於此種生命起源，是經由加入宇宙能量產生的變化，因此在第一週期的生命體，促使有情眾生進化的能量是相當進步的。

之後經過了近十億年左右的光陰，促成演星週期的生命結束。之後又經過了一至兩億年時間的沉澱，再促成赤龍週期的興起。而此赤龍週期前後大約有九億年的時光，其科技文明及人心淨化，就同演星週期相差很大。

赤龍週期—飛行的能量

赤龍週期的生命起源，大都有飛行的能量。剛開始承襲著過去演星週期的優點，幾億年後人心的缺點，就呈現出一種很難以駕馭的不足。

因為，都能飛行再加上欲心難止，又無法控禦人心貪求妄念導致的嗔恚，雖然有其規制，但歷經了九億年時光後，仍將整個地球爆破飛散，之後再經過重新組合，變成不到一半的星球體，從此就是人類世界所言之地球。

人類生命的起源，又重新開始了。當下人世間科學所印證的人類生命起源，正是由此開始。

經由第一週期爆破後再重新組合為第二週期的過程中，第一週期赤龍週期所有的基因，也再重新移植於此地球的第二週期當中，做整體生命的起源，然而同第一週期已差了許多。

寵吉週期與化造週期－地層變動重組能量

由於地球每一次「滄海變桑田」，都根據昔時的物種生命再重新組合生命起源的基因。因此第二週期寵吉週期與化造週期，所加入人類生命的起源是不同的。

人類並非猿猴進化的

當今科技言：人類是經由猿猴進化來的，這是不正確的！要了知萬物蒼生的生命體，其基因本質都是相近的。所有萬物眾生的基因本質，大約有百分二十至三十會相近的，而人類基因同其他萬物生命的基因，也有一部分是相同的。

能量影響演化的方向

不同週期的生命起源，就觀每一個週期的小週期，地層變動後，其所有生命體的能量變化來決定。不同能量會演變出不同的基因，但卻有一部分是相同的。

第二週期的前後段，寵吉週期與化造週期的基因是不同的。每一次爆破後所組合的基因也是不同，且都必要有一段時間的重新組合。

當所有生命的起源再次進化後，其中有一部分人類的基因，因當時所形成的基因能量體不同，就會顯現出不同的品質能量與科學。

若以整個地球來觀：不同中小週期，產生爆破後再重新組合，都會產生不同的「基因品質」。而此基因品質將決定未來演化成科技文明的高等物種，或是低等能量體的生物。因此演化就與每一次基因生命，重新組合的能量有關。

蘊傳週期
－地球曾部分破壞呈現兩種生命能量

又每一次外太空隕石侵入，對地球的破壞，皆是部分而已，甚難把所有生命全部消逝殆盡的。

因此，在第三週期前段－蘊傳週期中，曾經歷太空隕石的侵入，當時就有部分比較高科技的萬物眾生，沒有受到災害的侵侮。這些有情眾生的生命能量，就會比其他物種的生命能量高超了許多。

隕石破壞或內在爆破－生命起源不同

又每一次遭逢外在隕石破壞，或是內在爆破後，所形成的生命起源都是不同。若是遭逢外太空隕石的破壞，其力道會比較淺一些；若是由內在直接爆破，就會使地球所有萬物蒼生的生命直接消逝。如此，必要有一大段時光歲月的靜止沉澱，方能有機緣重新組合生命的起源。

而此時不同基因就會產生不同萬物蒼生的生命起源，並進而形成各種的生命基因，包含人類眾生或是萬物眾生。

此同時，所有生存在地球中的萬物眾生，也勢必承受地球的能量體而演化。

地球能量的特殊性－土質與相對

地球是一個具有土質能量的星球體，且地球空間由於星辰及「日月」的影響有著相互對待的特性，過去是如此、現在是如此，未來也是如此。

人道世界是如此的相互對待，若無相互對待會如何呢？且看第一週期地球爆破後，被吸入於土星星系當中的星球體，雖然其生命起源與當今世代的地球空間是相同的，但之後因缺少「日月」的相互對待，只有日辰光耀的照射而已，也就沒有地球的相互對待，因此其科技文明的演變，就比當今地球超過千百倍。

德弘週期－六萬年前曾有一次生命起源

然而，地球在此種相互對待的局勢中又能如何？現今在第三週期後段－德弘週期所有生命體的進化，乃是十二億年前再次爆破後，又經歷滄海變桑田三次的演化過程，在近六萬年左右，重新才有萬物生命的起源。

當今生命起源的基因本質
－天明星能量的加入

當今科技推論人類眾生是由猿猴演化來的，是不正確的。就進化基因的作爲而言，必要明白人類不只是此地球的基因，所呈現的人類眾生而已，尚加入一種宇宙

「天明星」能量的進化作用，而有當下的萬物蒼生。

所以可言：當今人類決不是此地球所演化的人類眾生，此事實可在未來時代中印證的，甚且可印證所有基因都是由宇宙生命所演化的。那又下降於此地球有何意義？

人生的目的

各種不同時空因緣的基因，所產生的人類及萬物眾生就有不同的能量，也就有不同的生命起源。

在此時空的人類不只是地球所衍化而已，甚且加入了「天明星的基因」來提昇人種的能量體，來作：回歸、超越、圓滿、乘越，否則歷經地球多次的變動後，人類的能量已和第一週期差太多了，是難以成長的。

因此人類世界非久留的住居，大家只是來人世間：借用、借住、借生活而已；若不能渡脫自己成長超越，就只能一世世反覆輪迴於人道之中。此是必要慎戒的。

生命起源不同時　有情眾生能了知
不同時空不同源　皆是宇宙能量馳
每個元會都如此　必要明白有其時
細體不同元會種　人類眾生超越質

補充一：本文疑義之天音傳真解答

1. 人類問：基因是否可分爲「無形的能量基因」與「有形的物質基因」（即物質的DNA），而前者可促使後者，產生不同能量層次的RNA，也可影響後代DNA的重新組合。

   宇宙答：然也－相當正確。

2. 人類問：不同週期植入不同的基因，是否包含「無形的能量基因」與「有形的物質基因」的植入。

   宇宙答：然也－相當正確。

補充二：地球生命三週期區分表

期別		名稱	起訖年代	歷時	地殼變動次數（滄海變桑田）
第一週期	前段	演星週期	64～55億年前	十億年	三次
	後段	赤龍週期	55～46億年前	九億年	三次
第二週期	前段	寵吉週期	46～35億年前	十一億年	四次
	後段	化造週期	35～26億年前	九億年	三次
第三週期	前段	蘊傳週期	26～12億年前	十四億年	五次
	後段	德弘週期	12億年前～	十二億年～	三次
有現今人類生命的只有六萬年					

第十五回
生存依附

生存依附與生命依附

有情眾生在地球空間產生生命起源後，必要有生存的依附。而在每一個時空因緣當中，都會有不同的生命過程。此生命過程，除了要能生存，也要有安適的生活空間。

有情眾生在生命的依附上，是以整體地球的人類眾生爲依歸。若沒有依歸就沒有方向，會使人類難有眞正心理的安適與祥和。

溫飽之後的殘害

又有情眾生在人世間的生存依附，將取決於生存的空間。以往昔之第一週期以及第二週期來觀：每一個時空因緣，都產生諸多的矛盾，對所有眾生的生存依附，產生諸多的不適應。

如果僅是爲了生活的溫飽，那是比較容易得到，最怕是溫飽了，又產生很多的欲求觀念加入於生活當中。

其實每一位眾生的生存依附，若能不影響別人的權利、義務、責任這三者，就不會造成惡業的循環。但是，最怕有情眾生在生存欲求上，有了溫飽之後，就會產生許多不良思惟，加入於自己的生存依附中，因而經常對其他人造成相當大的殘害。

欲求妄念「因果難了」

每一位眾生的生存過程，加入欲求妄念，就會形成對別人的「權利、義務、責任」，產生了相當大的障礙、困擾與傷害。如此，對有情眾生的生存依附，將是一種造惡業的開始，會影響每位眾生的福報與享受。

是否今生及下一世，能再來了結進而相互圓滿因果呢？這是不一定的！此種罪孽在當今及過去所有的時空因緣，都是如此，很難有修整改變的契機。因為，每一次的生存依附都是來自於不同因緣，凡事不見得都有第二次機會來圓滿。

福報具足慎防「造惡生孽」

有情眾生皆不了知，每一次降生人世間之後，就會有不同生命取向的生活空間，也形成每一位有情眾生不同的生存取向。

而生存取向中，若就飲食的食物鏈而言，其實是很容易達成的，然而太多的眾生在福報具足的同時，常會因為妄念形成自己造業的傾向。這正是有情眾生在當下中，最難了知的一環叫作：「造惡生孽」。

欲求妄念與地球空間的消逝

凡事眾生皆有生存欲求，亦會把生命價值依附在生存取向的過程中。

生命依附必要對自己來負責，要能有更大的學習與成長，否則常會爲了生存的欲求妄念，造就了罪孽又難以化消。

一般而言，若僅以利刃傷人，尚不及影響太多的有情眾生，最怕是手操生死大權者，引動了科技文明的創造，將所有萬物眾生一下子就消失殆盡。

此種用科技文明的殺戮行爲，不僅是未來有情眾生會發生的一件事，其實，在第一週期以及第二週期當中都是如此。

諸天界著作此篇的原意，就是要未雨綢繆，因爲未來科技，必會遇到相同的問題點。

當今的科技文明，尚不足以直接爆破整個地球空間，使整個地球星體全部翻轉過來，尚要一大段的時空因緣，方能具足殺傷力道的能量。唯，必要謹記：「未來不可再重蹈覆轍，否則會很快就造成整個地球空間的消逝，而所有的萬物蒼生也會一下子，就全部滅盡了」。

未來容易溫飽

有情眾生的「生命依附」同「生存依附」是相互結合的。

有情眾生要生存溫飽是十分容易的，因爲在未來中，必會有諸多是藉由錠劑來提昇食物鏈的組合，使有情眾生在生活過程中，不再有農藥問題及殺生問題。

當今農藥對生命的摧殘

農藥是一種破壞力相當強的不良物品，此種不良物品的能量，會將整個地球空間所有的地質改變，又會深深涉入人類所用水資源層的污染。

如果，未來眾生想要改變此種障礙，必要一大段時間的沉澱，方能消除此黑色物資（農藥）。

因此當下的生命依附，是處在殺傷力量相當強烈的時空因緣，不論是素食或葷食者，皆遭逢惡殃的摧殘。

大家再細思一下，此種生命摧殘，不僅使有情眾生的壽元減低，也減低大家生命的免疫力，可以改變否？是可以的，必觀大家的用心是如何！

科技改良物品也傷害眾生

科技改良物品的技能，諸天界早在五十年前，就已經下化於人道世界之中，只是各國主事者難以洞見此能量體的功能作用，又一直放任商人惡心的經營。於是將整個地球空間，原本應是可以有好能量資源的提昇，在幾十年之中卻變成對整體大地的摧殘。

眞正難以了知，人道世界的主事經營者，爲什麼要放任，此種摧殘人類眾生生命軀體之不良物資的應用？

雖然，農藥可以增加物品的產量，但對人類及其他有情物種生命的傷害，以及對大地造成的摧殘，卻是飲鴆止渴的作爲。未來仍會有一大段時間的影響。

再細細觀察一下，當今世代所有的文明病，同此黑色毒物資（農藥）也都有相當大的關係。因此當下必要改良此種黑色毒物資的應用。

未來錠劑的引用

若有情眾生的生命依附，不良反應一直出來，人類眾生也就無法能安適，對生命取向也無法有大的提昇。

因此，諸天界將修整改變食物鏈的組合方式，未來會引用錠劑的保健功能，將所有不良能量體的食物鏈，重新來修整改變，而達到對有情眾生有很大利益的食益作用。此在未來中，會一一示現在人類的生活空間之中。

人類眾生未來要做啥

如此，很多眾生會懷疑，人類眾生未來要做啥！此疑問，是必然會產生的。

要知道此天地有「絕對性相互對待」，正是一個難以破除的障礙，未來也會重蹈覆轍的，是甚難改變的局限，何人不受此局限？甚難的！

必要明晰，人類眾生能在此時空因緣當中生存，應該要提昇自己的能量體往上超越。也就是將眾生基因本質的－DNA，提昇超越上昇爲優良因質的－RNA。至於要具足自體發光能量的－QNA，則要一步步向上成長來達至的。必須在此一世當中，能改變修整過去的不良含因。如此，對人類下降於地球的磨練，正是有更大的提昇超越，同時也回歸了！

有情眾生的生命　皆因黑色毒素因
必要修整來改進　壽元延長無窮盡
人類貪欲的浮現　皆因寵愛難明顯
操持爆破整星系　瞬間消逝命難延

第十六回 生命科學

生存取向與生命科學

有情眾生進入人道世界之中，會有食物鏈的必須性，及事務鏈的組合，也就形成對通貨鏈具足的需求。

此三項人類眾生互動的因緣，可促成科技文明的進步，以提昇人類的生命。

生命的歲數能延長多少，就取決於生命科學的進化有多少。所以人類世界的生存取向，是一種進取的提昇，也是成長的必須。

豐富報償是發明創造的動力

人道世界的生存過程中，其科學進化是一段一段成長的，也就是經由一次次的修整改變，將比較嶄新的，以及人類眾生所喜歡的物品，予以量產，同時讓創造者能有豐富的報償。

如此，方能有動力再繼續發明創造，以提供人類生存，進化爲更先進的科技文明。此爲人類世界事務鏈與通貨鏈的相互因緣。

生命的長短

生命在人道世界是必須的。因爲有了軀體，加入靈性，方能有動作。

然而，生命可以延長，也能縮短，就觀有情眾生的作爲而定。若是一個不珍惜生命者，就會縮短生命歲數，消失於地球的空間。

而一般有情眾生皆期盼能有健康的身體，以及長遠的生命活力。如此保養是必須的，可使生命延長，也是一種對生命的尊重。

在人道世界簡短時間內，就糟蹋了自己的身體，都是沒能遵循中道生存之故。

諸天界期盼能對人類眾生來延長生命體，因此下化很多的科技文明，以提供當今世代的有情眾生，生命價值的延續。

現今科技無法印證的生命現象

有情眾生對生命無法掌握，也無法了知自己的生命是來自於何方，又今生要作何！經常是一個問號？難道只是爲了吃、喝、拉、雜、睡，與傳宗接代而已？

其實，有情眾生進入人道世界當中，皆有前世因果移植進入此世代中；若沒有同其他人有相互因果的牽纏，那早已經提昇超越，而不必進入地球當中。

此種人類生命的現象，是科技無法了知的。而當今宗教人士也很難明白此問題。

其實進入人道世界當中，就是以因果循環的相互償還爲標準，讓有情眾生在人道世界中，來償還每一世所造就的因因果果。若能早日完清，下一世就不會再來人世間輪迴了。

因此若想讓自己能提昇超越，必要有嶄新的思惟觀念方能有機會，不然現今生命科學又無法印證，人類從何而來又從何而去？又如何能有提昇呢？

生命科學與宗教的教育盲點

人世間的宗教，皆言其未來的國度是如何？但眞正能回到其國度者，是太稀少了！

爲何會如此？那是因爲不了知，想上昇超越者，若是執著太深，要超越回歸到所信仰宗教的天堂、天國、極樂世界，與出離銀河星系外，無疑是太困難了，又此種障礙甚難化除的。而這正是每一個宗教的教育盲點。

較高層次的宗教思想，是沒有不平等的思想觀念。如果太執著自己所信仰宗教才是對的，且是天下唯一者，其他所有宗教都是次等的，那此種人也只是掛名爲信仰者而已，其實同宗教超越者一點關係都沒有。

大家想一下，此種信仰自己的宗教爲天下第一，而否定別人所信仰的宗教者，會提昇超越否？太難了！只知道自己的好，不知別人也很好，此種訛謬觀念就會障礙宗教信仰，甚且害自己永遠都無法回到所信仰宗教的天界。這種盲點有時甚至連宗教的前導者也會有。

人類所有宗教，皆應依歸於公正平等的信仰。在天上是沒有一位不平等的「上昇超越者」；只有人類眾生才會認爲所信仰的宗教，爲天下第一者。因爲，不如此大家怎麼願意來信仰呢？

因此所有宗教都一直言過去如何、又如何？信我者可以歸入天堂極樂世界；然而當下的科技早已不再言此，而改變爲對未來宇宙星際的探討。若不能符合於當下科技，想要讓更多人相信所信仰爲正確的，是太難了。

未來人類生命的成長提昇，是科技輔助宗教信仰，大家共同遵守「綱常倫理道德」才是正道。

生命科學的進化

人類眾生的生命科學，必要有眞正的提昇與超越。宗教經典，已經是二千五百年前的產物了，對當下眾生甚難有導引的向心力。

因此在此時空因緣當中，由於所有宗教不足與欠缺的錯誤，想經由人類的信仰而有更大提昇，是甚難達到的。

此種障礙必要化除。首先必要借重未來科技的文明，在一至二十年內，將目前所遇到的災難來化除；同時也提供生命的進化，延長人類的生命，加大未來有情眾生軀體能量的空間，以符合未來更茂盛的生命科學。

二萬六千組DNA的增加與提昇超越

人體的DNA只有二萬六千組而已，想要提昇爲更超越的DNA，必要重新組合，形成更茂盛的DNA之增長，進而增加一至數倍的優良RNA，如此才能使生命科學進化成長。

而此蓬勃累積數倍的RNA，就能進化爲更優良因質的能量體，也就是有更多倍超優質QNA的因質。

在生命科學的進化過程中，人道世界必須能自體發光，才能同宇宙星際相互融合爲一體。

如此的超優質QNA，就會使未來有情眾生的能量體不斷的增加。如同古代早已超越者，達至向上成長的回歸。

若只依靠當今宗教的信仰，想要提昇超越，在「第一關不平等」就被刷下來了，更別說提昇超越回歸，那根本是緣木求魚。

宗教信仰的牽絆

爲何會被宗教信仰絆住了？就是不能有公正平等的信仰，所以此種宗教的毒素，對信仰者是一種相當強大且殘酷的殺傷力。不然，大家早就回歸天上了，怎麼還會繼續留在人世間，一世世反覆輪迴於信仰的宗教。那不是聰明者所應該有的信仰。

以上提供大家明白，對生命科學的提昇中，信仰宗教在第一關就被刷下來的原因，正是有了不平等的宗教觀念，也就是太唯我獨尊了，諸看官是否明白問題出在哪？

生命科學進化開　人間信仰難化載
宗教教人圍籬笆　回天第一刷下來
人間科學造無盡　提昇肉軀向天行
必要能有大心胸　才可圓滿返天親

第六章 借將高科技人才的誕生

第十七回
外星借將

三週期串連與外星借將

有情眾生在人道世界生存，迄今的時空因緣，已能了知地球的科技與災難，正是對比的。也能明白在相互對待的局勢中這是在所難免的。此外，也了知爲何要借將外星球的高等科技人才，下降於此地球當中。

又當初本區主掌禪讓時，天界就已明確決定，要將地球的第一、二、三週期相互串連，並移植進入此時空來做科技進化的成全。

因此，外星借將人才昔時都曾在地球空間待過，同地球因緣相當深厚。如此也是對地球的一種回饋，可提供人道世界生存取向相互的成全，而能有科技文明的進化。

外星借將提昇人類基因

經由新任本區主掌的頒示，將一部分曾經在地球待過，且早已回歸天上個體星球的優秀人種，再一次重新移植進入地球作研究發明，同時改造此地球的人種，提昇爲具有更優良RNA的基因，此正是天界的基本架構。（註：依照以往的傳訊內容，地球上人類的DNA已經歷五次的大變革。）

這些外星借將的高等科技人才，就夾帶著優良RNA的基因，進入地球當中來作人，同時也傳宗接代。

所有外星借將的二百餘萬位高科技人才，可提昇人道世界的DNA，向上成長更優良的RNA，以改造人類的基因本質。

如此，大家的後代就會有：兩百餘萬位借將的高等科技人才，加入改造後的優良基因，作未來人類的種因，而產生更優秀的人種。而此種的優良基因，對有情眾生將會有很大的幫助。

宇宙主掌的首肯

除了外星借將基因的移植，可大幅度提昇人類眾生的基因本質以外。此優良基因的提昇，主要是藉由將第一週期與第二週期的高科技文明，再次移植於此人道世界之中，來改造人類基因，以達到提昇。

而這是經由大宇宙天界（註：此天界已遠遠超越銀河系之外）的成全，方可達成。而且也必要經由宇宙主掌的首肯方能進行。

不然，往昔在地球當中，早已有那麼多位的本區主掌，爲何都不能有此能耐作借將，尤其是針對當下第三週期－德弘週期的作爲而言，科技文明恐怕會形成更大的災難。

大宇宙天界的來訊

如此，當今所有的造化，正是諸天界能用來「外星借將」的因緣，且促成百餘年的時光已經下化了，二百餘萬位外星球高等科技人才，來此人世間作研究發明創造。

此外，正是很大因緣促使大宇宙天界首肯，歷經一百餘年後，再降至崇心來著作《大道系列叢書》，以協助第一批次，二百餘萬位外星借將高科技人才，回歸各體的星球。而此正是崇心的聖務之一。

崇心來訊的大宇宙天界「上昇超越者」，沒有一位此週期當中有下降人世間來當人的。這些「上昇超越者」，也是乘著外星借將已有近百餘年時光，才降至人世間來闡述「大道天音」的奧祕。

大宇宙天界五百年前已知此因緣

針對有情眾生的科技文明，透過提昇RNA，改造基因本質，促成當下科技文明往前更大的邁進，正是大宇宙天界早在五百年前，就已經知曉在這種時空因緣中，必要降來人世間作的事務。

然而若沒有本區主掌欲混沌的因緣，時機可能未浮現，而當下的有情眾生早已經不知淪落到何處去了。

八批次的外星借將

此種「外星借將」是一個很龐大的工程，同時也借將所有廿六顆星球當中的高等科技人才。其中經由「天明星」直接下降「地球」的人才就有一大半，近一百二十萬位左右。

此高科技人才移植進入地球當中，一邊研究發明創造，同時一邊也改造人類的基因本質。

未來第二批起，還要移植七千萬位的高等科技人才，分七批次，連同已經移植的首批，共為八批次。

又用心於道德之家庭其能量會一直環繞在後代子孫，而這也是借將高等科技人才出生篩選之依據。未來第二批人才，天界分配於崇心體系有廿餘萬位。

宇宙奧祕的探究與人類災殃的化除

大家可細觀一下，近二十年左右，科技是否一日千里，甚且是一日萬里。

而能有此天機良緣，尤其是透過外星借將兩百餘萬位高等科技人才的提昇創造方能達成，這其中乾坤約各占一半。

有了高科技人才的研究發明創造，人類世界就能探究整體宇宙空間的奧祕。

大家就能明白地球創造的時空因緣，以及其附近所有星球的開拓。同時也能了知，此銀河星系九大行星運行於太陽系周邊時，其間相互作用、平衡運轉的大道功能。如此，就可讓人世間明晰地球運轉的依歸，而能通徹人類世界的災殃，以及化除的方法，而此會一步步著作在大道系列天書當中。

替代能源的必須性

在八、九年前著作《大道演繹》天書當中早已明確告知，人類所運用的黑資源，若不及早阻擋，停止使用，人類世界文明破壞，將不是短暫時間可以彌補的。

此天機早已下化了，然而礙於人道世界資源集團的「既得利益、實得利益、未來利益、未來得利益」，尚不能放棄引用黑資源。

另外也告誡可以應用「深海水資源」，提煉航空器及移速器的燃料，並作所有動能力量的廣泛應用，及人類醫學科技的應用。

然而，近十年仍沒有非常有效的替代能源產生，因此未來仍有一大段的苦磨要走。

如此外星借將的作爲，若是緩不濟急，人類的災殃也會跟隨而至的，是難以改變的。因此能否有更大的成長，必觀最近替代能源的發明與量產的應用而定。

氫氧組合與原水添加

近幾年中必須引用的替代能源之一，就是氫氧相互組合的應用。「氫、氧」組合可產生動力。當下所用的電力，以及諸多動力都可以用之，此爲最普遍的科學知識了。但是，又有幾者可以投資此種不破壞地球臭氧層，而又有更大動力的能源。

此外氫氧所組合的的動力產生後，就變成了水，而此種「原水」添加其他能源後，就能產生更多與更大的綠能資源，可以用之不盡，也不會破壞所生存的地球空間。不只如此而已，尚有太多、太多的其他替代能源……等，都要繼續開發出來，這些對外星借將而言是太簡單了。

崇心宇宙生命科學研究機構

此種因緣成熟後，「崇心」必會組織一個人類世界高科技的研究單位，同「崇心人文科技大學」來結合，提供人世間所有利益的資糧源。尤其對「月辰陰冥物資」的應用，將有諸多科學概論，會透過「崇心宇宙生命科學研究機構」，同「崇心人文科技大學」相互輔助對人世間發表。此正是所有天界一貫的盼望。

盼望「崇心」能以此弘揚整個寰宇世界並達到福祉的推廣；同時，也將第一批「外星借將」高科技人才來集結、回歸、超越。如此，歸還這些借將的人才，那第二批次的高科技人才，方能有機會再降下來的。

天機示現於人間　外星借將科技延
不分陰陽與乾坤　改造基因往上遷
人類基因的本質　有情世間難明知
上蒼德澤天地間　借將研究發明馳

第十八回
借將優勢

地球的相對、局限與提昇

有情眾生在人道世界生存，能了知此地球是相互對待的。此種狀態從地球開拓，迄今這六十四億年的時光，一直都是如此。

雖然銀河星系九大行星中，相互對待的星球體不多，但爲何此地球會有相互對待的局限？然而若無此相互對待，想要提昇就有很大的困難，又爲何會如此？

必要明白：雖然地球是一個相互對待的局勢，卻可以由地、水、火、風這四者，來幫助有情眾生提昇超越。然而，也會有人言：地、水、火、風是局限人道世界的束縛。那麼此種一邊是提昇，一邊是障礙，人道世界要如何成長超越呢？

動靜的融合與成長

必要了知整體地球演化的過程是如何？又爲何必要有相互對待，才能有向上的提昇超越，不如此難道不可以否？此正是問題的癥結處。

地球承受日辰太陽光電的照耀，同時也承受月辰陰冥能量的局限。如此就形成相互的對待。

人世間如果只有太陽光芒永動力的促成，而此永動力若無停歇之時，就會對人類眾生產生很大的殺傷力。

唯有經由日辰光芒照耀，也同時經由月辰淨（靜）止的休歇，人類世界才有永不停止的動力來源。也就是「動力的能量與停歇的靜止」，能相互融合，對人類眾生的生存取向會有很大幫助，必要有相互幫助的成長，才能長遠不斷。

人類忙於生活

然而，一般有情眾生無法明晰此問題。由於人類生存要有食物鏈與事務鏈，以及通貨鏈這三者的供需，也必要有婚配後的傳宗接代，並行使更大的責任、義務、權力以照顧後代子孫。因此大家就不會感知，人類世界的局限該如何突破，也就只能了知，人類的職責使命而已。

有得有失，有失有得

人道世界的生存取向：一邊工作、一邊成長、一邊組合家庭、又一邊傳宗接代。因此人類眾生就會把這些視爲第一要務，也不會感知人類世界的困境是在何處？

故一般眾生，根本都不會體悟到人類生存的相互對待，正是：日月、是非、男女、對錯、正邪、鬼神、佛魔、得失……太多了。此地球空間又有何者不是相互對待的。

再說詳細一點，就是人類一邊犧牲奉獻，也一邊有所受益與收穫。

再說一句更明白的，就是：「有得又有失，有失又有得」，此雖然簡短的幾字，但卻是大有學問在裡面。在這方得到了，就一邊必有失卻，如此一邊失卻了，又在另一方必有所得，這就是人世間的實相。

想辦法回家吧！地球不是久居之地

說得更徹底些，人類世界所生存的地球空間，不只相對而已，還常承受了天心引力影響地心引力，進而形成地殼變動，產生古云：「地牛翻身」。

因此，必然要體悟到人類生存的地球，是一個不可長久寄居的世界。如此，能否在一世人當中，快快離開此星球體否？甚難的！必觀各人的認知，以及各自能量體的多寡而定。

若能了知各自的困境，就能明白來此世間，只是一個暫時寄居的世界而已，不可長久居住於此，避免未來每一次滄海變桑田，又轉寄他方世界，等到地球所有的變動停歇了，再輾轉由他方世界來植入此地球當中，反覆又來當人了。若是這樣大家會感覺如何？太不值得了，也太不應該了。早早收拾回家去吧！回哪裡的家？回到天上原本的家，能了知是哪裡否？

改造基因「延長壽命」

爲何要有外星借將的優勢？大家都無法眞正了解整個地球的演化是如何。其實當下人類眾生，每次的輪迴尚不滿百年。而回顧此地球過去最長的生存歲月，在第一週期是近三千年，然而也無法有更長遠的歲月。所以有情眾生永遠皆在反覆的輪迴，又有那一個能超越三千年時光的壽命？太難了！又當下尚不滿百，同過去三千年的歲月相比，就差了四、五十倍之多。

此種的局限與障礙需要改變，所以必要向外星球來借將，移植進入當下地球的生存空間，來改造越來越差的基因本質。不如此想要有更大的成長受益，宛如久旱不逢雨，一切破裂難以復合，如何能有圓滿的提昇？

當代人類恭逢盛會

當下，大家正恭逢此週期的成就。能改造基因本質向上提昇，在未來必有很大的助益，尤其對人類成長受益將有很大的幫助。

若不了知人世間的局限與障礙，反而以為人世間很好玩，那麼災劫來臨之時，都是在劫難逃的。又有幾位能脫離，避免成為災劫傷害的滅亡者，甚難！

改造基因「提昇超越」

這些借將外星球高等科技人才，皆是第一、二週期的高知識者，本身就有智慧來向上提昇超越，當下也是如此。

又整個地球，一旦災劫來臨時經常是滄海變桑田，而此現象已二十餘次了，每次約二至四億年時光，人類能永久存在否！不也，皆只留待一段時間而已，很難脫離此局限的障礙。

所以崇心高能的來訊有言：「人世間是一個生命的改造界，也是一個宇宙生命的創造者」。能提昇超越者大有人在。然而同第一、二週期所有回歸的七億有情眾生，相互比擬就差太多了。

因爲基因本質一直污穢了，難以提昇超越，也甚難了知每次滄海變桑田的復原，都要一段很長的時間，而此時人類眾生又跑到哪裡去了？天機難明！

借將優勢功能效益

爲何要借將外星球的高科技人才，下化於此地球當中。一者是改造基因、一者提昇科技文明、一者是傳宗接代、一者是擔負使命、一者是提昇超越，回歸原屬星球世界，……林林總總不一而足，不只些微的原因而已，尚且還拓及未來四億餘顆星球的模範作爲，如此，對所有人道世界的有情眾生將有很大的成全。

科技文明與提昇超越

如此，科技文明的優勢，將會讓大家在「自心、靈性、軀體」這三者的提昇中，能登上超越回歸的上乘成就。且唯有經由了人世間的改造，方能顯現出各自能量體是如何，同時也必要有此種的考驗，讓大家眞正來檢驗，汝一生辛苦考磨的成果又是如何？

其實能通過者大有人在，只要能明白天地演繹的過程，及整體宇宙的演化過程，再加上很多人世間的知識觀念作爲基礎工程，也就是必要有淨化「唯識觀念、唯識行徑、唯識理諦」的作用，就能一一順利通過人世間的局限與障礙。

此外大家也要「償還累世的因果」，做未來「回歸上昇的依憑」，此種優勢，對所有人道世界的局限與障礙，將會有很大的幫助。不要以爲所有的考程太辛苦了，其實上天不負有心人，能突破者大有人在，不只是些微人數而已。

提昇證果者的借將

必要明白借將優勢的天機是如何？其實正是提昇人道世界的科技文明，使進入更大的受益。但對人世間所有災難的產生，也要有所警惕，了知此人世間不可久留，避免未來遭逢無法提昇的障礙，而反覆輪迴於人道世界的生存。

而每次來一回的人類的壽元，在過去最長爲三千年，而當下時空最短，不及百年歲月。甚至平均最長只有七、八十年的歲月，差了四十餘倍左右，根本都不能同過去相比的。因此天界也借將一部分過去曾經提昇證果者，於此當下的世代中。大家的體悟如何？這是對當下障礙的忠告，必要如此才是如實性！

外星借將的歸返

又每位借將人才完成地球空間的任務後，就必要送返回歸原來星球。其中有功勳者，亦能向上提昇超越到更高超的星球體，而人類眾生是否能同他們一樣提昇超越？又大家是否能體會天界的用心良苦？

借將優勢要明白　人生壽元自己來
天機示現三千年　當下只有過半百
堪嘆人生苦來磨　何必長久留此溝
局限障礙難超越　智者早已回歸就

第七章 無窮盡能源的開發

第十九回
科技發明

科技明顯的提昇

人類生存的過程中，經常有諸多的無明障礙。也無法明白當今科技文明，對有情眾生的福祉受益，是天界百年前的既定政策。且在此政策之下，經由借將二百餘萬位高科技人才下化此世界之中，已促成近三十年左右科技的提昇。大家再思考一下，是否有此現象？

未來災劫接踵而至

人類世界百餘年來一直仰賴黑資源作燃料，如今已將整個地球的臭氧層破洞加以擴大了。這是很難彌補的人類災難，會對人類世界產生很多的災劫。

如果，仍沿用黑資源，恐怕人類眾生很難有眞正的安適生活。加以整個天心引力對地心引力的相互干擾，又促成整體地球的地殼變動，未來很多災劫將會一波又一波接踵而至。

有情眾生能否安然度過或是在劫難逃，就觀每個人的造化而定。

可以言：此種問題對未來眾生的殺傷力已經浮現，若以目前的減碳作爲也是緩不濟急。恐在近一至二十年左右，對人類的生存就會有很大影響，甚且災殃會一直不斷。

未來科技文明的主導—能源

歷經了時代的演變，發明創造改變能源，已成爲未來科技文明的主導因素。然而，尚不知道此種科技文明是否能借用外太空陰冥物資來加以成全，或是以太陽光電來成全。

純水與純水加添

現今已能使用氫氧兩者加在一起的技術。但氫較不穩定，可以加上其他能源，來穩定液態的氫後，再加入氧，就能產生動能，而促成人道世界的動力來源。

此外，氫氧這兩者所產生的純水，也就是能量水，若再加上其他元素之後，就更能利益有情眾生多方面的提昇。

此種加了其他元素的純水及能量水，可轉變成爲改善醫學科技的創造，也會重新改寫人類醫學科技的局限，對有情眾生能有相互的成全。此外，也同時提供人類動能力學方面，能有十足的長進，不再因仰賴黑資源動力而繼續造成破壞。

太陽光電與陰冥物資

太陽光電的蓬勃發展，已經有了初步的功能效益，但尚未能廣泛應用於改善人類的生存空間。

此外，對月辰陰冥物資，人類眾生尚無此觀念，也甚難了知在黑暗物資方面的反動力，若能引用休止功能的淨化作用，就會有一個大力量的促成。

此種陰冥物資對人類生活，又是另一個境界的提昇，不然那些沒有受到太陽照射的星球體，又如何發展其科技文明。其正是有比太陽光電超越千百倍的功能效益，對有情眾生能有很大的幫助。

因爲人類世界是處於一個陰陽兩造的世界，人類眾生又是相互對待，所以當今人類眾生也僅知道太陽光電而已，甚難了知月辰陰冥物資的龐大力量是如何？然而人類眾生未來必要引用「太陽光電能量體」的同時，也能應用「月辰陰冥物資」的反動力，而達到動源能力的加速，也就是動力越來越大，速度也會越來越快的。

地球能量空氣動力

空氣動力可依風力的不同分爲陰陽兩者，分別是「風力發電」，及「空氣發電」，此爲地球所俱備的四大之一。

風力發電有情眾生比較容易明白，即是以風力透過了科技能源的轉換，而有人類「動源」的促成。因爲風是一種天然的物品，故能長久具備而不用花費半毛錢。

人類世界的科技正是相輔相成的，因此對風力必要引用一種比較高超的浮動力量，來推動其發電體，方可轉換爲動能，如此也比較容易來獲得。

此外，另一種的空氣動力也是十分龐大的，而且也必要借用「風之吹動於空氣轉換爲能量體」。因爲，空氣中若沒有風之吹動，人世間又如何引用空氣爲動力來源。可以觀未來的移速器，都必要經由風之動力才能轉換爲電力。

可以言：整個地球當中除了土質能量不能運用以外。其他每一個物質，皆能轉換爲動力來源的電力，如此的廣泛應用才能眞正對地球有更大的受益！

天空能量閃電發電

閃電是人世間經常可見的天氣動能。大家雖明白：此種閃電動能十分的龐大，也是一種必要轉換的能量動源，但又有幾者可以借用「閃電能量的儲存」，來運用在未來的電力動能上。

每次天空中的陰陽交集後，就會形成一股十分龐大的力量，閃爍於天際當中。被擊中者，一般存活的機率不大。而這又是一種原本已經存在地球當中，相當龐大的能量體。甚且能提供有情眾生長遠的利益，而不必再應用當今的核子發電、火力發電、燃油發電……等。因爲這些對地球會產生十分大的破壞，人類若能不用才是正道，才有健康的生活空間，也才能長久安適的居住。

深海水資源（海浪、水力、可燃冰等）

深海水資源的應用可區分爲：海浪發電、水力發電，以及可燃冰與其他諸多深海能量的應用。其中可燃冰比海浪發電有更長久的功用，此外尚有諸多深海當中的能量，能轉換爲未來出離地球所需應用的燃料體，而這正是一種相當先進的科技，尚待開發的能源。

人類世界尚未有此觀念，仍停留在核子發電、水力發電、火力發電、燃油發電……等，應用而已，甚且無法引用綠能資源當中的氣化體，來改變目前的動力燃料。

這些動力燃料有部分已經被開發了，但目前也僅止於研究階段，雖然有部分結果漸能公布世人，唯尚且還要一段時間才能量產。然而如今已經開頭了，對未來就會有很大的助益，當量產時就能受益有情眾生的生活規律。

而那時人類世界已經居住在半空中了，那是否還要在地上行走？仍是要的。因爲此地球是一個土質的能量星球，而人類是依附地球生存的。即使居住在半空中，因爲尚有許多現存的高山峻嶺，也就有足踏土地的機會。

科技文明造昌盛　人間借將已有成
上蒼下化人世間　引導文明演繹真
所有動力的來源　十分龐大本先天
借將移植入地冥　提昇超越回歸引

補充：本文疑義之天音傳真解答

1.人類問：足踏地的目的是否是借助地球的土質能量來成長？還是不踏地就會與地球絕緣而自然出離地球，無法留在地球上繼續成長嗎？

宇宙答：此問題甚好，此情況多種區別。

一、足踏土地增長能量。

二、不踏土地改變方向。

三、漸而提昇能量，此時大地污染難清，故改變居住星球體是必然會的。

2.人類問：請問未來人類住在半空中的原因？

宇宙答：

一、未來居住半空中。海平面上昇了，一切生化細菌會跟隨著颱風颶風吹襲而籠罩整個星球體中。原本科學家尚以為南北冰山融化還要一～二十年左右，現在不用了，近年就全部融化了。

二、所有冰存千百萬年的生化細菌融化後，會產生何狀況？如果全部融化後也不值得大驚小怪的，但最怕所有融化後的海水，會經由風之夾帶著吹襲所有地球的空間中，再經過紫外線或是伽瑪線的照射，就會讓這些細菌再活化起來，所以人類眾生會在皮膚上產生病症滲透入神經系統中，根本難醫治。

第二十回
動力能源

黑資源應用的傷害

有情眾生的生活空間，必要有諸多的動力能源，加入於生活當中。在過去這一百年左右，一直是仰賴黑資源石油的應用，同時造成整個地球臭氧層產生破洞。及今可言：「黑資源的應用所帶來的災難，已形成很大的殺傷力。」有情眾生已經明白了，此種能源讓人類世界，很難有眞正利益萬物蒼生的生活空間，同時也讓有情眾生產生諸多無明的病症。

如此，現今了知已經慢了，這種的殺傷力既然已經出現了，對未來眾生的健康將會亮起紅燈，也會間接影響地球的運轉，而這更是有情眾生無法預料的一件事。未來必要面對所有災劫的來臨，該如何化解，將會一一來示現的。

替代能源的發明創造（近幾年中完成替代）

其實此地球可以應用的資糧源太龐大了。而往昔所種下的苦果，在未來會一一凸顯出來，屆時必要面對災劫的化除。天界也相當著急，想要藉由所有借將二百餘萬位高科技外星球的人才，來防止未來人類的災劫，但又怕遠水救不了近火。

如今天界加速這些高科技人才的研究、發明、創造，以利益有情眾生的動力能源，已經是如火如荼的進行了，必要在近幾年中或是近一至二十年左右，應用所有動力能源來替代黑資源的能源，如此才能對未來有情眾生有一個更大的提昇。不然災劫來臨之時，部分有情眾生在劫難逃，是難以避免的！

又因爲要想出生爲人類是相當不容易之事，所以天界引用高科技人才的借將作用，趕緊發明創造替代能源的應用，以化解人類的災劫。其實當今時代，已經有多種替代能源的發明出來了，只是未能眞正的穩定，故而一直在修整改進當中。人類眾生可以應用的資源其實非常龐大。

天地能源無窮無盡

地球當中所有的「金、木、火、水、土」五行，以及「地、水、火、風」四大都可產生相當先進的能源動力，也都不會破壞地球的生活空間。有情眾生無法明白爲何金、木、水、火、土這五行，都能應用於動力資源的加速成就。其實以地、水、火、風四大加上五行來言，除了「地與土」這兩者外，其餘皆不難應用，雖如此，「地與土」也能輔助水、火、風、金、木等燃料，而有相互輔助的動力。

就太陽光電的能量而言，除了當今人類所了知太陽光電的動能外，尚有百種以上。如此，人類世界想要應用太陽光電的能量，是比較容易的。加上風力或是空氣動力，還有諸多輔助的動力能源，能應用的就有千種以上。對未來人類世界的應用將是無可限量。

若再加上其他資源，就不止萬種以上。未來人類的移速器，所用的能量體，將會引用很多種能量體的加添，其中一種是「氫融合」的應用。「氫融合」是相當穩定的能量體，比氫氧能量更龐大，在人類世界含量多易取得，也是未來應用的主要依據。此外，尚有：海浪發電、深海發電、綠能動力……等太多了。

所有動能資源已經下化一半以上在人道世界了。只等待人類科技來擷取，並加緊腳步快速的研究發明，以利於未來有情眾生的能源動力。此種能源動力在其他星球當中，早已經應用良久了，只是當下人類尚無法應用。若非臭氧層破洞，人類尚未有如此心急如焚的觀念，以加速提昇種種的動力能源。

未來的移速器是吃水的

有云：「人類世界未來的移速器是吃水的」，大家想了都會莞爾一笑，但其實正是千眞萬確的。未來所有人類世界的移速器都是「吃水」的。然而不是加水就可以行動，必要再應用一些科技發明創造，但也離不開於水資源能量的綜合體。

若再加上諸多深海水資源，就能提供現代人所有動力能源的供應。

可燃冰

當今人類已了知「可燃冰」的應用，其實深海水資源不只「可燃冰」而已，尚有近千種以上可應用的動力能源。其中有太多種可以燃化的動力能源，如此就可以應用來替代人類眾生當下的黑資源。

水合物質

此外，深海水資源中有一種人類尚不了知的「水合物資」，此種「水合物資」是一種白色的結晶體，蘊藏在深海當中近二至三千呎深左右，以及封存在高山峻嶺千萬年的冰雪內。

此種「水合物資」能提供人類眾生未來三千年的能源動力，且也不會污染整體地球。未來所有的動力能源，將會進步得十分神速，且讓有情眾生更受益的。

上述「水合資源」，不是一般者能了知的，雖然和「可燃冰」的能量有一點相同，但卻是差了很多很多。尤其在動力來源方面，會很如實受益有情眾生的生活取向。

氫融合

又「氫融合」的動力，又比風力與其他能量體更大。此動力引用了「太陽光電及陰冥物資」的輔助，將使人類世界動能具足，也使人類世界有更大的成長及受益。

必要了知人類世界所能擷取的動力能源太多了。尤其是在高山上，就能擷取「可燃冰」及「水合資源」以及更多的動力能源，含括當今所認識的氫融合動力的能源。

每個國度（家）都有鄰近動力能源可應用

人類世界未來的動力，將不再仰賴黑資源。不論是鄰近海洋或是大陸地形者，每一個國度（家）都有不同的鄰近動力能源可應用。如此減除了黑資源以及核能電力的依賴，對有情眾生才能有更大的成全及提昇。

發明創造方能避免在劫難逃

必要了知當今世代，已經進入廿一世紀發明創造的時代，想要提昇自己，若不改變往昔的執著固化，只依持所認爲的往昔經典，無法有更大的成全。

因人類世界早已朝向未來的生化科技文明進化中，雖然人類眾生尚在起步，但近五十年中，因應地球空間所有災劫，已加速科技文明創造的速度。不然一個災劫來時，必會犧牲很多有情眾生的生命，如此就沒有機會進入宗教改造，也就沒有提昇回歸的契機。此種「在劫難逃」正是相當不公平。

能源動力的擷取　地冥星中很容易
種種科技加一起　可讓眾生有受益
創造研究來發明　加速改變科技盈
必要大家能認同　超越回歸福德新

第二十一回
綠能資源

綠能資源的必須性

人類的生存必須要有「動能」才能達到最舒適的生活條件。然而，當今人世間所有的動能燃料，卻造成災劫不斷，使人類無法有安穩的生存空間。

人類世界必須引用綠能資糧源作動力燃料，如果仍是以黑色資源作動力燃料，將會影響人類眾生的安適。

又產油集團之利益所得，既然不能放下，也就要經由其他能量資源的替代，來提昇人道世界的生存動力。

綠能資源的來源與成本

綠能資源所能應用的範圍相當廣泛，除了動力以外，甚且拓及人類生存的所有層面。而其材料可區分為人類種植及自然生長兩類，皆是來自於源源不絕、無虞匱乏的生長。

就目前來言，在其他資源尚未量產前的過渡時期，以綠能資源加入黑資源的應用有其迫切性。

綠能資源有很多的來源，一者：玉米淬煉、二者：甘蔗淬煉、三者：甘薯淬煉、四者：所有糖類之淬煉、五者：自然生長綠能物資的淬煉。

這些綠能資源可經由科技來加以淬煉，加添在黑資源（石油）中，也可直接應用形成「綠能動源」，利益大部分的有情眾生。

人世間所有綠能資源的應用，早已經研發出來了，尚未量產而已。人們常會認爲成本太高了，其實不然，歐洲國家早已應用了，其成本比黑資源（石油）還低了四分之三，又不污染，同時也能促成「臭氧層破洞的修整」，只是尚未普及而已。

綠能資源的廣泛應用

綠能資源在人世間來言，是屬「木」動能資源，而此種資源太多了。當今可淬煉的已有「玉米、甘藷、甘蔗、清甜綠物資」。又清甜綠物資包含的範圍太廣泛了，只要能提煉出有關「鋰糖元素」的能源，都可直接應用或作添加用，以利益有情眾生。

尤其此種綠能資源，也能提煉出人類生存所需的「酵素」，而此酵素對人體的健康，有很大的作用，同時也是一種「生命之根」的能源。此外提煉出「酵素」之後所遺留下來的廢棄物，尚有很多用處，不僅可改善目前黑色物資（農藥）的污染，重新調整大地，也可以養殖其他的物種，使其不受污染而能有一個無虞匱乏的食物鏈。

有情眾生能否明白，此種綠能資源的應用有多麼的廣泛，除了對人類及萬物蒼生軀體健康的維護十分有幫助外，也能淨化所有的農藥殘毒，並將「空氣污染、水資源污染、農藥污染」等減低到最輕微，而利益大地眾生。

五行青木的能量體

綠能資源可幫助臭氧層破洞的修補。必要明白，臭氧層破洞的修補，需要「五行」元素的加添與組合，缺一不可。

又綠能資源對有情眾生的食、衣、住、行，皆有很大的助益。為何會如此？因為所有的綠能資源，可經由「五行：東方的青木」資源來改變當下「五行：北方的黑水」資源的汙染，又能利益有情眾生，因此當下的生活空間將會重新改寫。

至於此種綠能的應用成效，就觀科技研究發明是如何？成本是如何？必要降低成本才能量產，讓有情眾生有受益的空間。

而要開發深海當中，很多「水資源與綠色資源」的擷取，必要有能力的集團來開發，讓人世間所有的動力能源可以發展出來，而不要一直仰賴於黑水資源。黑水資源已經造成未來的災劫，難道還不知警醒？若仍是一直仰賴應用而不改變，又如何有安適的空間？必要能改變，才能轉化目前所遇到的災殃與劫難。

研究發明的大方向提示

綠能資源可區分為，叢林與近海當中自然生長的能源體，以及人類所種植的。綠能資源會把「五行的青木」能量體，加入人類眾生的生活空間，正是未來眾生所應該了知的知識。如此經由智慧的增長，才能眞正應用在人世間，不然只是紙上談兵而已。

又天音傳眞所闡述的各種資糧源，在其他星球體早已有發明並量產了。人世間能否有此種科學發明？這是必要一步一步來調整的，同時也要讓借將的兩百餘萬位高科技人才，能了知研究發明創造的大方向。不然，若無法量產，只知道方式而無法受益，就不是好的資源，也無法改善地球空間的生活。

自利利他、己達達人

以上正是天界對未來物質下化大方向的提示，讓有情眾生能明白是需要有「自利而利他、己達而達人」的心態與作爲，才能促成此種天機良緣。有情眾生會應用否？就觀大家的努力了。

上蒼下化綠資源　改變人類毒素遷
惡業造就已滿盈　不改未來苦受連
綠能資源太廣泛　甘薯甘蔗玉米轉
必要修整作資源　才有安適家園觀

第八章

未來的醫學與科技

第二十二回
醫學科技

醫藥的需求性

人類生存必要有食物鏈的加入，才有營養成分來滋潤全身。人世間常常不知道食物的相剋與相沖關係，所以只要能溫飽就全部納入胃中，如此就會影響了身體的健康，同時也使身體成爲萬物的大雜燴，對軀體形成很大的障礙。當身體不舒服產生疼痛，進而影響健康時，就必要有醫藥來佐理。

中醫西醫各有千秋

醫學科技區分爲：中醫醫學、西醫醫學、醫藥醫學、顯微醫學、X光醫學、透視醫學……太多了。對有情世界來觀皆能相互輔助以治療身體的病症，而且必要經由中醫與西醫兩者的醫護之後，才能痊癒。

然而，以全世界醫學科技來觀中土的醫學科技，比較能有「中醫醫學的原理」，以及「君臣佐使的醫藥原理」。對人類眾生的軀體，能了知在君臣佐使的醫藥應用中，何者能相互串連，何者不能同時在一起，以免產生諸多的刑剋，對人類造成很大的殺傷力。也因此比西醫有更大的痊癒機會，也比較少有副作用。所以此種的中醫科技，能應用在一些比較慢性病者的治療，以達到痊癒。

中醫科技的創新

中醫科技在此時空因緣當中，比較有創新的導引。除了能將中土炎黃五千年的醫藥科技所用的藥物，加以提煉濃縮，減少長久時間對症狀的治療以外；同時由於中土炎黃子孫認爲疾病有生剋的相互影響，而此文化也延續著五千年中藥醫學的科技，因此用藥有君臣佐使的必須性，如此也才不會產生目前西醫科技的矛盾與盲點，而無法有眞正痊癒的治療。

中醫科學必要進化爲更先進的科技醫學，才能趕得上西醫科技的快速療效。

人道世界的醫學科技，必要加速的創造成長，未來將比中土炎黃子孫往昔的中醫科技，有超過千百倍的功效。當然，當今已改善了良多，以前必要服用很多的藥品，造成身體的負擔，及今經過提煉已可減量，又再加上了濃縮功能，對有情眾生，正是有相當大的功能助益。

西醫科技的對治

如果以急症的病患而言，西醫科技比較能快速痊癒。這是因爲醫學科技文明，加上西醫科技可以運用手術開刀，能將軀體內不良物品取出，由器官中直接對治，使很多急症者快速痊癒。而這就是西醫科學的主導性，西醫科技能相互輔助眾生的軀體康復，達到很快速的治療，減少往昔中醫慢慢治療的過程。

若以中醫和西醫相互比較，也就有不同領域的相互輔助。就軀體內在的病症而言，西醫能運用：顯微科技、X光科技、透視科技……等檢驗出內在所發生的病症及位置，減少中醫摸索的階段，輔助中醫所無法達至的條件。如此，西醫的醫學科技，就比中醫治療時間短，能減少很多折磨。

中西醫藥品的反效果

爲何藥品會有反效果？此種問題是早已存在。當中醫或西醫診斷不正確之時，有時會讓身體產生很大的破壞。

而此種問題並非醫者無明。因爲眾生的病症常千奇百怪，若又加上無形作弄，再高明的醫者，亦無法明白其來龍去脈，也會束手無策，如此患者就很難有痊癒的機會了。

又對中醫或西醫來言：只要不太嚴重的病症，一般都會很容易就痊癒了。但如果是無形作弄的病症，也就是一種「因果病」，想用醫學來痊癒，就必要花費很多的時間，對眾生而言是相當殘酷的殺傷力。

古云：「眞藥醫假病，眞病無藥醫」。此問題點就在於無形作弄後，會引生一大堆問題出來，今日所診治症狀是如此，過幾天又移轉到其他地方。此情況對患者而言相當痛苦，對醫者也是相當大的考驗，能化除否？就觀無形是否願意放下，以決定痊癒的可能。

中醫西醫的相互結合

由中醫的優點，加上了西醫的優點，融合爲更大的功能效益，此種的醫藥科技，當今世代已漸漸被人類來肯定了。

在中土炎黃子孫的國度內，比較會有此兩者的融合，而西洋歐美國度，則甚少有此種融合。

能將兩者的醫藥融合在一起，對人類會有很大幫助，能改變往昔長遠才能診治的病症，縮短痊癒的時間，對健康是一個良好的保障。

當今時空因緣，「空氣污染、水資源污染、農藥污染、其他污染」等，已造成身體健康負擔與殘酷傷害，若想以一種醫藥診治全人類的病症，那是不可能的。況且一般的醫藥科技又難有更大的提昇，因此形成人體只是一種試驗品而已，此又是人類的困境之一。

未來醫學科技

未來有情眾生將會改變當下食用藥品的方式。就未來醫學科技而言，當人體器官不堪使用時，將會運用科學儀器來檢驗，若尚能挽救，就會引用「濃縮液體」來治療；若經由西醫儀器檢驗出來後，確定不堪使用，就會將一些不良器官來更改移植。而當今醫學對器官的更改移植，已有百分之五十的功效。

此種醫藥科技勢在必行，對未來人類眾生的身體功能，將有很大的改善作用，對健康問題會有更大的提昇。同時也改造了人類世界的基因品質，往上提昇爲更超越的RNA，而此種科技文明對人類身體的健康，將有更大的受益。

未來生化科技醫學的應用

未來的生化細菌出現之時，人類眾生的免疫力是遠遠跟不上生化細菌的污染。屆時必要用一部分外來的基因重組，將不良的器官來移植，同時也用生化科技的濃縮醫藥來治療。

又此種生化科技所創造的「液態藥品或錠劑藥品」，將可幫助軀體能量，也可改善人類的身體健康，而不再以殺戮行爲來溫飽肚皮。由此可知，現今爲了溫飽，造成軀體的負擔，減損生命，並不是好現象，也不是天界的基本條綱。此種障礙必要改變，才是正道。

人類生存的軀體　依靠飲食來養育
好壞物品皆入口　造成毒素軀體積
不良氣體充滿身　醫藥無效難有成
一天一天的衰弱　科技醫藥變化真

第二十三回
人間科學

中西醫科學可在不同領域相互成全

有情眾生在人道世界生活，軀體的眞正健康是必要的。當今人世間的科技文明，已提昇了醫學科技。雖然「西醫科學」比較先進，然而中土「中醫科學」對所有人道世界的生存作用，有諸多是西醫科學所不及之處，對有情眾生的生命可以達到延長的作用。

如此，若以中醫科學同西醫科學來相互比較，就能發現可以在不同領域相互成全，也讓人們了解到文明進化中，此種長遠悠久的中醫科學，有其獨到之處。

明確檢驗與對症下藥

生命科學對人類的進化有更大的成長。西醫科學的檢驗制度，能針對人體所有的病症，檢查出其問題點在何處，而中醫科學則無法作到此種條件。

中醫科學所能應用的，是以古代流傳迄今的把脈方式，來了知問題點在何處，但這必要有經驗的中醫師方可行之。

目前此種技術僅留存於一些比較有能力的中醫而已，以至於「中醫把脈」這種中土古老的方法，雖然對人類眾生有不同領域的成全，然而無法拓及更大的人類眾生來受益。

因此當今世代必要採用，更廣泛的眾生皆可施與的方式，方是正道。如此，當今中醫會沿用西醫科學儀器的輔助，將所有的病症檢驗出來後，再對症下藥，那是相當正確的。此種優異的科技必須要普及。

人類未來將依附於生命科學

人道世界的軀體，正是一種經由天地所組合的能量，此種能量是由各種不同的資源所組合。人世間不同的風俗習慣及飲食文化……等，就有不同的軀體能量依附其中作成長。

人類未來將依附於生命科學。因爲，地球整體臭氧層破洞之後，所產生的災難，將不是一般者可以了知的，必要由上空來觀察，方知道已經是病入膏肓了。而此種殘害，人世間是難以移轉的。

因此天界下化了「借將二百餘萬位」的高科技人才，到人世間作更大的發明創造，如今更加速協助未來災殃的化除。所以未來生命依附的衣、食、住、行、育、樂……等，皆會重新改變，同時行爲方式也必要改變的。而生命醫學科技方面，有諸多是必須經由人類基因改造來完成。

人類基因改造的必須性

未來基因改造有確切的必須性，人類經由改造基因來達到成長及提昇，將會減少很多殘忍的殺戮行爲。

不然，人世間一直運用科學，對其他有情眾生來殺戮之後，祭入人類的五臟廟中，產生了各種不良氣體，引生了各種疾病。又加上了黑色農藥的應用，造成的污染，將整體地球來破壞殆盡，這就不是天界的原意。

因此對人世間的提昇超越，將不再沿用以往的飲食方式。而改用「錠劑」來吸收能量體，使有情眾生的軀體有更大的吸收與成長，減少了諸多病症的產生。減少病症的同時，也漸漸形成一種半生化人的趨勢，對世間人類的生存，將會有很大的提昇，而不再有腫瘤癌症的發生，對人世間軀體的改造，必有更大的受益。

人類基因的增加與提昇

人類基因的基本組合只有二萬六千組而已，必要再提昇爲數倍基因的優良品質。不只增加基因也要提昇品質，否則增加是沒有用處的。

因此，必要增加優良基因的再造，將生化基因，漸漸移植於人類眾生的軀體當中，使人世間有更大的成長功效。

必要明白，提昇人種，需要將過去不良基因改造爲優良基因的品質，使其能有更大的成長作用。

有情眾生對此問題，無法明白其來龍去脈是如何！若無借將的功用，又如何有此提昇優良基因的造就。

這種優良基因的造就，正是改變了整體地球的進化功用，也使未來的科技文明有更大的成長。

改造基因延長生命

過去近五十年左右，人類世界的生活，已漸提昇爲一種文明創造的進化，人類越來越精明，也越來越文明。科技進化提昇了人類生命，對有情眾生的軀體有更大的保護作用，經由了醫學科技，當今人類眾生有延長壽命的可能。

然而，能否同過往「週期」達到百千年的歲月時光！則觀人類科技進化的文明就能明白。必要有更大的成長，才能將生命來延長，否則只是在人世間反覆做人而已。未來有情眾生必要對生命醫學科技作研究發明創造，才是正道。

未來「衣、食、住、行、育、樂」皆不同了

人類眾生的生命是否延長，或是遭逢災劫的侵襲，則觀各人因緣就能明白。有者未來可經由優良基因的改造，進化爲更優秀人種。

此種進化在衣、食、住、行、育、樂……等，都會有不同的改變，尤其對生命醫學的創造，將不再同過往一樣的無明。因爲，在未來是以「錠劑或液態」爲食物鏈，來供給有情眾生生命延長所需，而不再食用一大堆無謂的食品，造成人類生命功能的障礙。

未來有情眾生在衣、食、住、行、育、樂……等方

面，將不是當下的樣子了，甚且不再穿當下的衣物了；也不再吃目前的食物了，又居於半空中；出門已經可以飛天了，甚且能入地行走、海上遨遊；所有的教育已不再似當今塡鴨的方式，而改用電訊植入於八識中；所有的娛樂已經進化為更高超的文明，所有動聽的音樂早已消逝了，改用宇宙更超越的音質，來作人世間的娛樂。

世景不同成千古　衣食住行也不枯
育樂更大來提昇　宇宙元質作相顧
生命醫學科技開　炎黃中土把脈來
西醫進化更成長　中醫急追五行排

補充：本文疑義之天音傳真解答

1.人類問：未來生命依附，人類可入地行走、海上遨遊，是否指兩種不同能量體可重疊而不受干擾，就像光線透過玻璃與水一般？

宇宙答：不是人種，而是依靠器材啦！汝當下所言這在此銀河星系中是有這種的星球體也，音譯名稱（都ㄉㄨ同體羅格蘭星球）。

2.人類問：何調移速器？是否指可移動可變換速度的機器？

宇宙答：方才已答，也可航行於整個宇宙，區分太多了，大約近200萬種。

第九章 「科技文明」與「優良傳統」的融合

第二十四回 中西融合

相互融合人類受益

此天地爲一個地球空間，有情眾生生存取向的動作，將有諸多是相同性質的，同時也相互的依附。

當今世代有情眾生的生活過程，雖然相隔千萬里，卻在剎那間可以明瞭。其他世界所發生的情況，皆能即時在地球當中來傳播，甚且是無遠弗屆。因此，當今的一切作爲，必要能截長補短相互融合才是正道。

中西融合的優勢

由歐美國度來觀，其科技文明的創造，曾超越炎黃子孫千百倍，然而，歷經時代的演變，中土炎黃子孫的科技，仿效了歐美國家的科技文明，可以言已漸能凌駕歐美國家，對整個科技文明而言，是一種相當良好的示範。

同時在這一百年左右，歐美國家原有的行事準則漸漸消退了，因此有很多方面被中土炎黃子孫來超越了。

尤其是歐美國家在發展整個科技文明時，比較有繁複的過程，是因爲無法了知對地球整體來言：必要有五行的生剋；也無法了知「金、木、水、火、土」，以及佛家所言的四大「地、水、火、風」的內涵，是整體地球空間的生存科技，超越與否的關鍵。

科技文明繁複的改善

歐美國家的科技文明比較繁複，又容易浪費很多的時空因緣，又在中土炎黃子孫的急起直追之下，其科技就能超越歐美國家良多。因為有中土文化加入創造，對科技文明會有相當大的成長。

未來廿一世紀中，經由中土炎黃子孫加入整個地球空間的科技創造，其功效正是可以同歐美來相互比擬，相輔相成，又能相互融合在一起，對未來人類眾生的福祉，將會有很大的助益。此種相互融合在一起的科技文明，會讓炎黃子孫在此廿一世紀當中揚眉吐氣，同時整體地球空間，將有一個嶄新的局勢。

中西融合的主要因緣

將所有科技文明，用來創造人類生活的安穩空間，是中西融合的主要因緣。

地球空間所遭遇的災劫，雖然是一個天地脫序的作為，但為了整體人類生存的需要，如今天界則已透過此種災劫的化除，來提昇、進化人類未來的生存。其中有很多的科技文明，在未來災劫後才會凸顯。

此種中西融合科技，有相互輔助整體地球空間生存的功用，也讓人類世界有科技文明進化後的功效，會讓很多有情眾生能了知天界的運化是如何？

必要能明白歐美的不足，以中土的創造來彌補，就能有相互輔助的功能效益；對中土所足夠的，又可以將歐美的科技文明，再作一次更超越的提昇。如此，可以觀整個二十一世紀將由全世界華人主導造福於天下。

二十一世紀將由全世界華人主導造福於天下

大家將能明白中華文明，會幫助人類更能了知一切科技文明的進化。

未來廿一世紀當中，有很多科技文明會進入於中西融合的提昇，同時也必要能將中西融合的科技，用來福祉有情眾生的成長作用，才不會一直在反覆過去無法提昇的障礙。

又人道世界的科技在此二十一世紀當中，也會將其他星球的科技文明，再一次移植地球，進入於整體的科學創造。此種未來必要融合的科技，同時也是一種福祉創造。

地球村的世界

整體地球空間，將不再分別歐美與中土，而是一個地球村的世界。人類只是各居南北半球的生存空間，不會再有任何的隔閡與障礙，不再只是國家對國家而已。必要了知整個地球空間，如何融合爲一個地球村，彼此相互輔助，也同時幫助其他弱小的國家。

又未來的人類世界，不只是一個地球村而已，甚且將融合於整體銀河星系，進而能了知整個宇宙空間。如此，對人類世界的生活將會有很大的助益。而此種願景，當下天界的借將發明創造已經有初步的功效了。

借將高科技人才要如何歸返？

然而這些借將的兩百餘萬位高科技人才，有一小部分已經歿度了，尚且在等待送返回歸原星球。

而回歸的主要因緣本，是必要將崇心的「唯識理諦、唯識觀念、唯識行徑」三者，讓這些等待者受益。必要了知該如何淨化自己，才能眞正返回原來的星球體，也必要有中西科技的相互輔助。

博愛精神的基本作為

融合科技的主要因緣，必要有「博愛的精神」的基本作爲。大家能否了知宇宙主掌的主要旨意是如何？正是經由了宇宙主掌的首肯，方能有科技文明「借將的融合」，也才能有今日的科學創造。而此文明也必要經由歐美傳入中土，且中國的未來必同台灣相互融合，台灣未來必會老水還潮（註：指人類固有文明，應時再顯），而今此種功效已漸漸顯現出來了。

華夏炎黃子孫文化的總精華

台灣在未來會有人世間的主導因緣本，爲何會如此？因爲台灣具有中土炎黃子孫文化傳統的總精華。因此台灣的人類眾生，將會有其德性的散發。

傳承中土炎黃子孫文化的台灣兼容並蓄，在宗教的推廣方面也是如此，如耶教區分基督與天主兩者，在台灣的傳播弘揚已有很大的功效。而儒道釋回之宗教，以及其他新興宗教在台灣當中，也皆有眞正推廣的功效。

因此，在未來，將會有台灣後裔出生在中國來當總理，這是因爲台灣人在華夏世界，累積了相當大的陰騭德澤之故。

此領導人必要明白，在宇宙大道的運化中，必要有大陰騭，方有其德性來領導中國國家整體，航向更高超的科技文明。因此，此種領導人是以道德領導整個大中國，作未來人類眾生福祉德性高層次的傳播。

中相融合科技因　福祉必要能降臨
上蒼德澤大中華　差那台灣相互親
有情借將來下化　生活科技心心華
人間行為有倫理　道德規範頒天下

第二十五回
歷史記載

短暫的歷史記載

人類在地球的生存，有歷史記載的只有五、六千年而已。在中土黃帝之前，就很難了知其演化是如何？

其實人類世界若以當今的地球空間而言：已有六萬餘年的歷史。然而卻難以印證這些古老的時代是如何？以及爲何人類世界的生存，會一直處於越來越退化的局限？而這種退化，已造成有情眾生無法上昇超越。

歷史記載前的傳說

若以三皇五帝迄今，也有三萬餘年時光。有情眾生會以爲此過程，只是一種傳說而已，殊不知這正是千眞萬確的。

現在的歷史未來的傳說

未來的科技文明將會同現在相差十萬八千里，人類眾生當下所作所爲是可以刻骨銘心的，但對未來眾生則是隔靴搔癢，無法體證當下人類生存所付出的一切辛苦，未來人類將會認爲當下的科技也只是一個傳說而已。不知大家在當下的心境，會感覺如何？

歷史記載累積的重要性

歷史記載的不明確，會產生很多的無明障礙，這種障礙就使人類世界的生存依附，無法有更大的提昇。

必要了知一個科技文明，是需要累積很多的過程，方能一步步來達至未來的成就。

歷史記載難正確

人世間歷經次次回回的改朝換代之後，又有那一個歷史記載是很正確的記錄過去人類眾生的生存取向？甚難的！皆是取其對自己有利而書之，對自己無利則拋棄。

歷史記載常毀損

如此歷史記載已不是相當正確，又每次的改朝換代，所形成的殺戮災殃，更是次次回回的將歷史記載破壞殆盡了。因此，整體歷史記載也只能提供參考而已，不能當作眞實的演化。人類眾生能否明白其過程是如何？必要明悉整體的來龍去脈，才是正道。

歷史記載難認同，優良傳統可流傳

人類世界此週期之造就，由中土炎黃子孫的歷史記載，是很難明白往昔整體人類的演繹過程，加上每個朝代的作爲不同，有很多史實是以該朝的興衰爲前提，決定是否書入於歷史記載當中，或是捨棄於歷史記載之外。此種的取捨，將會影響未來眾生的認知，而難有正確明白。

對未來眾生而言，這五、六千年中土炎黃子孫的生存文化，是不會獲得完全認同的。雖然如此，但卻可以把很多優良傳統，加以保存而流傳得更長遠，對後代子孫將會有很大的助益。

中庸之道是大道根本

人類世界在這古往六萬年來，一直難有很安適的生存取向，皆承受地球相互對待的局限，而產生人類眾生的、正邪、對錯、陰陽、男女、乾坤……等。此種相互對待該如何化除？正是人類眾生最大障礙點。

該如何化除？必要能了知在相互對待中，如何達至絕對，也就是有個「中庸之道」。人類眾生就是欠缺了「中庸之道」，所以一直留存於人類世界之中。

有情眾生無法明白整體歷史記載的過程，又如何能讓自己提昇超越？勢必受歷史記載所誤導。其實人世間所有的文明，不會如歷史的記載一般，有偏向一邊的作用。

必要了知天界絕沒有一位不公正、不平等的上昇超越者，而且所有的上昇超越者皆是經由人世間的無明，作成長提昇而達至不偏不倚，也就是中庸。

中者不偏不倚，庸者平常如實，此正是有情眾生最清楚，但卻是最難以行之的大道理。爲何人類眾生信仰宗教，到最後都無法上昇超越的基本原因，正是如此的。

又有情眾生是在相互對待中作行爲動作的，而此種作爲皆是偏向了一邊，不論是善、不論是惡皆是如此，這也是有情眾生造業的過程。如此偏向，又如何能達至回歸超越！那是不可能的。因爲早已在人世間偏向了一邊，不論自己的功果如何高超深厚，也難有眞正回歸超越的一天。

所有眾生的習性，皆是喜歡比高、比大、比強，此種作爲即偏離中庸之道。又爲何當今世代的天界，甚少有其他宗教提昇者，皆是因爲如此。若偏向一邊就難有中庸之道，來成就自己，成就眾生，如此想要能提昇回歸，汝想可以否？不也！

偏向一邊無法超越

歷史記載經常偏向一邊，人類世界也是偏向一邊，就連信仰宗教也是偏向一邊，此種偏向一邊，就離開了「大道中庸」之本質，又如何能不偏不倚？甚難的！也無法有眞正超越的一日。

因爲人是生存於相互對待中，又以自己所認爲的才是正確的作爲，其實這早已偏悖了人世間所應該有的基本條綱。不論汝今生修持如何高超，功果如何偉大，也只是下一世再反覆輪迴於人道世界而已，根本沒辦法達至返回天界的超越。

有情眾生必要確確實實詳細考慮自己的作爲是如何？若有此缺失趕快修整改變吧！不然徒乎在宗教數十年的犧牲奉獻、無私無爲，只爲了一個偏頗的宗教教育思想，而埋沒了一生的幸福，那太不值得了，切記！切記！

歷史記載偏一邊　取長捨短無私偏
中庸之道可昇天　無私無偏大道顯
修持也是同一樣　人間局限難以彰
必要修整加改變　才可提昇回歸航

第二十六回
科學證明

科技文明的來龍去脈

人類的歷史記載中，有諸多文明以及部分的無明演化。

當今世代人類的生活起居，在食、衣、住、行、育、樂，及生存過程中的文明，已經超越歷史所記載的良多。經由科技文明加入了人類生存的過程中，已有舒適、方便、普及的生活。

人類生存於此當下爲何有此天機良緣？一般人是無

法了知的。有情眾生會以爲是人類世界的科技文明所導致。如此，將是人類眾生的一個無明。

雖然人類能明瞭在相互成全的群居生活中，其生存的依附，有諸多是以人爲因素來達至科技文明的提昇。但卻不了知，此種科技文明的提昇其來龍去脈是如何？

其實人類眾生的科技文明，有諸多是天界的職責所主導，下化於人類世界，以提昇人類眾生在生活的舒適方便以及普及性。

生存提昇與心靈沉淪

此種生存的方便，普及了有情眾生的舒適之後又會如何？這種提昇只能達到人類生存有舒適、方便及普及性，但卻欠缺了靈性基本的提昇超越。如此，能有眞正心靈的淨化否？甚難的！人類眾生心靈難以淨化，又如何能有向上提昇的超越？

甚且，因爲人類舒適方便的普及性出來之後，人類眾生的心靈更加沈淪了。又爲何會如此？就是太過於舒適方便普及了，就沒有對自己心靈成長的危機意識，會以爲人類世界的生長過程，正是如此而已了。

如今有情眾生對自己心靈淨化提昇的障礙，已一一顯露出來了。人世間的生活雖然有改善，但對人心淨化，反而是一點幫助都沒有。

科技證明的宗教沉淪

這種心靈沒有淨化的錯誤作爲，可應用科學來證明，且可了知存在有情眾生的心靈中，一直難有向上提昇成長的思惟觀念。

如此，如何有提昇改造的一日？甚難的！只以爲進入宗教信仰之後，就是完美良善的成長，自己也以爲進入宗教之後，所作所爲都是良好善美的。經常在宗教信仰中偏執了一邊，殊不知信仰會在「善中造惡業」。

有情眾生進入宗教後，會產生在「善中造惡業的警惕」否？甚難的。都以爲自己的修爲是十分完美，又是十分良善。

其實在人類的信仰當中，經常會以爲自己進入宗教之後，就該對自己所信仰的宗教堅貞，這是不錯的。但若經常會對別人的信仰鄙視的一文不値，把別人信仰的宗教抹殺了，而謂之我所信仰的才是唯一的宗教，此種作爲就有失天界公正平等對待大寰天地所有宗教信仰的公平性。

相互讚嘆與肯定

人類眾生標榜自己所信仰的宗教爲天下第一，那是無可厚非，然而讚嘆自己，也要肯定別人的宗教信仰。

有情眾生在生存過程中，常無法有公正平等的觀念，無法對自己讚嘆也對別人有相互的尊重。此種公正平等，在人類世界又是大家所明白，卻是大家都做不來。如此，又如何讓人類科學與宗教信仰相輔相成。

當今科技與過去演化皆重要

當今科技經常會把前人的辛苦來抹殺，也無法接受過去整體演化的作爲；而古往的認知也難以融合當今世代以達到超越。

這就是不了知人類生存演化的進步，應以往昔諸多矛盾爲借鏡，並將其修整才是正道。不能執持於當今科技，也不能執持於古往的認知。

當今世代已經進入了廿一世紀的文明，已經可以探究整體宇宙的奧祕，人類世界若還僅執持於自己過往所認知的爲正確，那在未來中，將遭逢科學進步而被淘汰。

必要了知人類世界的生存，會將過去所有觀念重新洗牌，有很多會重新改變，且在科學進化的成長中，會讓有情眾生的生存有很大的依附。

科技顯現過去事蹟的必要性

人類眾生甚難將過去五、六千年的演化，用當今科學來證明的完全正確。當下的科技文明，雖然能將過去的印證來顯現於當今世代中，但絕不能千眞萬確都沒有任何錯誤、欠缺、不足的印證出來。如此，無法將整個歷史記載來顯現在當今世代之中，又如何能有眞正的明晰？又如何體悟整個人類世界的開拓史是如何？

因此，當今文明的過程中，必要千眞萬確將過去所有發生的事蹟，一一來顯露在當今科技的文明當中。如此有情眾生就能明白，過去人類生存的障礙是如何？現今文明的不足又是如何？

人類眾生將有很多文明的進化，也有很多文明的障礙。此種障礙，會在人類生存進化的空間中延續著，以做爲改變的依據，也同時把文明提升到更高的層次，那才是最重要的。

一世成長超越的必要性

有情眾生爲何要將文明更提昇進化呢？就是因爲自己的心靈淨化，是必要在此一世人當中，來達至向上成長超越的。因爲下一回想要來出生爲人的機會是很少的，不是想要來就可以來的。

當今冥府世界，尚有三千餘億的有情亡靈，等待要來人世間出生爲人種或物種之後再提昇超越，那大家想一下，會有多少的機會？稀也！稀也！

有情眾生的心靈成長中，能一世人回歸原來的家鄉否？

又要回歸原來的家鄉已不容易，然而若只是想回到原來的家鄉而已，那又是一個人世間無法了知的障礙，是無法能提昇超越的。

提昇超越是在自己的「起心、動念、入意、藏識」中，學會如何對自己來負責。一般人甚少有此觀念，也就是甚少有「中庸之道」，才促成一直反覆輪迴於人道世界之中。

中庸之道輔助心靈成長

「中庸之道」正是不偏不倚，可以化除眾生的障礙，而有更大的成長。有情眾生必要體悟儒家的「中庸之道」，是生在此廿一世紀當中最主要的因緣本，同時也必要將人的「起心、動念、入意、藏識」，加入於自己的生活起居當中，那才是如實性。

如此，將佛家的「唯識理諦、唯識觀念、唯識行徑」融合於儒家的「中庸之道」，加上了道家「無為作用」、耶家「博愛世人」、回家「清眞回歸」，相互串連後，就是人類眾生提昇超越的基本原動力。

不如此又如何向上提昇超越？若是執持自己的宗教為天下第一者，必在歿度後要回歸考核的第一關，「不平等關」就已經被刷下來了。即便是功果深厚，協助眾生無數，仍因自己執著固化，甚難融合其他宗教，只能留存在人世間，當各宗教受人供養的所謂「大師級人物」而已，根本都難以達至上昇超越。

為何如此？因為在天界，沒有一位不平等的上昇超越者，因此不平等者又如何能融合於所有宗教皆平等的天界？不也！

體悟上蒼化宗教　就是圓滿眾生躍
公正平等的修為　符合天界融合挑
人類科技的文明　一步一腳一個印
歷史記載難明證　科學實證眾生引

第十章 臭氧層的修補

第二十七回 減碳作為

愛護地球

有情眾生在人道世界當中，須與地球相互依持；每一位眾生對地球的愛護，是人道世界應該有的行爲動作。

又大寰天地每一位有情眾生，雖然皆在自己所居住的空間生存，然而彼此卻相互影響，因此也應該加以保護彼此的生存空間，讓自己能安穩的生活在其中。

減碳作為的必須性

人道世界經由黑資源的應用後，這百年來所有人類已遭受到整個地球臭氧層破洞的影響，災難一直不斷，對整體地球空間已產生很強大的殺傷力。有情眾生於此時空當中，才知道已經迫在眉睫了，對人類世界的生活已產生很大的影響了。

此種殺傷力對整個地球的生存空間而言，可以觀察到整個北半球所產生的災難，比南半球多了很多。尤其「天序不順」影響了人道世界的生存取向，已經有很多的災難層出不窮，這種情況對有情眾生的生活安適，已亮起紅燈。再加上天災人禍，以及最近頻繁的地牛翻身，更加深了人心的困擾，對生存在地球當中的人類產生了相當大的衝擊。

因而就有部分科學家及宗教家提倡，人世間必要減碳了。此種提倡減碳的作爲在往昔根本不會發生。而今拜科技文明將此種黑資源應用之後，造成人類世界生存空間的破壞，且此破壞已足以傷害到每位有情眾生的安適生活。此種不安適空間的消滅，正是每個國家所應該要有的行動，也是所有人類眾生共同的責任與使命，必要來維護生存的空間。

素食減碳的作用

科學家以及宗教單位所提倡的減碳作爲，正是每一位有情眾生必須要行使的一件事情。

減碳可使整個地球生存空間的「碳能量」減少，讓此生存空間能淨化到最好的時空因緣，同時讓人道世界有更大的安穩生活。如此是以人爲因素把目前的災難來延緩。

因此就減少整體空間碳能量的產生而言，每一位有情眾生皆有責任與義務，來推動與維護整個地球空間的淨化。

此外，在人世間的生存依附中，除了佛家所提倡的素食減碳作用以外，必要了知人類眾生每日所食的物品，由於甚少是以「素食及蔬食」爲主要原則，經常是大魚大肉的，因此產生很多不良氣體，影響了人體的循環功能，也影響了血液循環，再加上當今人類眾生甚少運動，如此，軀體就橫向發展而顯得腫脹了。此種腫脹對健康會產生很大的害處，這是當今科學可證明的。若能「多運動、多蔬食、多素食」，會比較有健康的軀體。

雖然人世間大家都知道減碳作為的功效，但卻無法按照知道的來進行，反而看到很多人小小年紀就身材腫脹了。這些幼苗在未來會產生很大的傷害。

如果能按照宗教單位所提倡的，至少每星期有一至二日可以「素食或蔬食」，就能讓腸胃來淨化、來清一清，以減少軀體中諸多脂肪的堆積。這是人世間一種相當值得有情眾生來提倡的基本觀念與作為，不知大家有何意見否？

替代能源與減碳

針對當今世代減碳作用的功效而言，必要先將人世間所有黑資源來減少應用，而改用其他的替代能源，如此才有更實際的功效。若不能這樣，僅僅只是對素食減碳的努力，想避免人類所形成災殃的破壞，恐怕是緩不濟急。

財團經營者眼光的宏大

人類世界必要讓其他「替代能源」早日量產，如此才有災殃減緩的一日。尤其是「財團經營者」必要有此眼光，才能對有情眾生的生存空間，來加以消減很多災難的發生。

當今世代所有的「財團經營者」的眼光，有否對人類眾生的福祉來加添創造？或只是為了自己賺錢，而埋沒犧牲了人類世界未來的福祉？若是如此，這些財團恐怕在未來中就會很快消逝了。因為只是為了自己能賺錢，而不會顧及人類福祉的加添，是不合於宇宙天界，自然大道運化的條綱，是不會長久的。

由此可知，若能對減碳有直接的功能效益，創造了人類眾生的福祉，也加添了財團長遠經營的延續性。因此對未來眾生能否有大福祉的利益，或是只顧自身利益而已，就關係到未來這些大財團能否長遠經營的依據。

替代能源已有二十餘種

減碳功用最主要是要減少當今黑資源的應用。黑資源的應用已經對整個地球空間產生相當大的災禍，若不能當下改變，也必要趕快尋求方法以更換這種不好資源的應用。

其實人類世界已經加速發明創造此種替代能源，且已經有部分可以量產了，未來眾生的生存空間將會改變很多。

已發明創造的替代能源並非只有一些些而已，已經有近二十餘種。人世間必要加速這些「替代能源的量產」，尤其是氫氣能源、太陽光電能源、水資源能源、綠色能源等。

而天界也會加速對這些科學家給予更多的「心有靈犀一點通」，使其能快速來發明創造。如此有情眾生將有更大的機會，來削減當今人類眾生的災殃。

加速量產利己利人

地球空間中，大家都生活在一起，每一位有情眾生的生存取向皆是息息相關的，也是環環相扣的。

在人世間就能有很大的功能效益，可以將研究發明創造的能源，加入自己的生活當中，而不再讓自己受更大的殘害；然而，人爲因素就可以讓自己受益的，爲何不趕快加速量產出來？量產之後也可以重新改變人世間過去的生活空間，讓自己來受益。

又未來所有替代能源，也不一定再由國家來統籌供給。有一大部分會由自己來創造，同時也利益整個人世間、有情眾生以及自己的生活取向。此種的科技文明，才能福益未來的有情眾生。

這就是爲何當今世代天界要加緊腳步，將原本應在未來一至二十年之後才會產生的替代能源，讓這些科學家趕快量產出來。

所以當今這些財團能否將眼光放得更開、看得更遠。能做到，將是福益了自己也福益了眾生，這才是正道。能對人世間福祉的加添，減少二氧化碳的排放量，也減少臭氧層破洞的繼續擴大，才是眞正的減少碳能量的排放，也同時減少人類世界的災殃。

減碳作為人人責　蔬食素食淨化得
減少脂肪的堆積　身體健康有安樂
排放減碳替代源　上蒼加速科技沿
科學創造要量產　福益眾生大道顯

第二十八回
臭氧修補

南北極災殃的擴散

有情眾生在地球之中的生存取向，越來越難有安適的條件。尤其是整體地球的臭氧層破洞，造成了南北極災殃的擴散，再經太陽紫外線直接照射後，就對有情眾生的生存過程造成了相當大的殘害。

此種殘害在當今世代還只是剛開始而已，未來將會加劇。此種臭氧層破洞，該如何修整彌補，將是人類眾生一個更大的問題。

臭氧破洞的災殃

臭氧層破洞，不僅使有情眾生在人世間行爲居住不安適，也造成整體地球，產生天心引力與地心引力間的相互干擾。

當今科學家能了知「地心引力」，但無法明白地球尙有個「天心引力」。此天心引力相互串連於整體的宇宙星球，同時也會干擾著地球空間的運作，造成「天心引力影響地心引力」，促成地球災難一直不斷。

此外當整個銀河星系的九大行星當中，有部分星球排列成一行時，也會產生影響，此不只影響當下的地球空間而已，尙且拓及其他星辰運轉脫序並造成災劫。

而地球在遭受整體天心引力影響了地心引力之後，會促成地殼內的岩漿反覆，難以安適，形成人類當下所言的「地牛翻身」。此種機率會越來越頻繁，也造成人類眾生的生存無法安心下來。這就是部分有情眾生在此時空當中，一直會擔心的一件事，因爲不知何時會來大災殃。

這是一種相當無法了知的疑惑，必要了知此地球必要重新修整改變，應用其他替代資源做能量，不然災難就會一直延續下去。如此人類眾生是無法有安適居住空間的。

女媧娘娘補天的傳說

當今世代的有情眾生，會以爲古時女媧娘娘補天是一種傳說而已，若是傳說又何必言「補天」，那不是更天方夜譚？當今世代的眾生無法明白此過程是如何？有情眾生只以爲這種中土炎黃所流傳的神話，只是一種傳說而已。

此地球的臭氧層破洞，古曰：「天破孔」。對當時有情眾生的殺傷力是十分大的，也難以用其他方式來加以補天。然而迄於當今世代，此種問題若再邀請女媧娘娘來補天，有情眾生會感覺如何？天方夜譚？若說女媧娘娘所補的天破洞，即今之臭氧層破洞，那有情眾生會認爲如何？太不可思議了！

昔時女媧娘娘彌補「天之破洞」，正是應用了古昔時「五色石」來加以鍛鍊之後，所產生的氣體直沖天際當中，來彌補修整破洞，當今若再言此種老天破洞的修整彌補過程，將會有很多人根本都不相信，如此老天爺也就愛莫能助了。

2002年臭氧層破洞縮小之原因

運用地球當中「五色石能量」來彌補老天破洞，可以言在公元2002年左右，已曾經彌補了一次。然而，尚未完全修補好之前，又被人類破壞了。此種彌補又不及人類世界的破壞速度，也形成公元2002年之後，人類眾生所居住的地球之臭氧層破洞一直加劇了，對地球產生了相當大破壞力。

因此，形成本區主掌頒布政策於整個天界，將由人類眾生自己來彌補未來的臭氧層破洞。如此的作爲是以人道世界爲主導，讓人類眾生比較容易明白與接受，是以人類的科技應用，達到臭氧層破洞之彌補。

又此種科技文明已經下化在人道世界之中了，將由人爲因素來創造，由人類眾生自己施行於此人道世界中，不會再經由天界來彌補。倘若由天界來彌補，那有情眾生會以爲如何？根本是不可能的。

大家可再細觀公元2002年左右，爲何整體地球當中的臭氧層破洞無緣無故減小很多。當時原本已經修補一大半了，但人類眾生的無明造業，又影響了整體已經修復快完成的狀態，讓破洞問題再繼續擴大了。

臭氧層修補的方法

人類眾生，雖然是以當今科技來修整彌補臭氧層破洞，但必要了知可以應用古昔時的「五色石」作基本原料。五色石即是五行，金、木、水、火、土。此五種所形成的效用，對臭氧層破洞的修補將會有很大的助益。

不然人類眾生若只用臭氧層的元素組合，想要來修補整體地球的臭氧層破洞，那將宛如「挑沙塡海，白費工夫」。

必要在底層當中，先上一層「黏著的能量體」之後，才能將臭氧層吸附在天際的。

加速修補的必須性

臭氧層修補是人類眾生在近幾年中，必要加速的一個大工程。若一直延宕於未來一至二十年之後再行之，那人道眾生的災劫，恐非一下子就能消除的，未來人類眾生會居住於半空中是在所難免的。

因爲整體南北極地的冰雪融化後，所產生的生化細菌，不是人類眾生可以抵擋得住，甚難有科技文明進化的速度能趕得上，會有一部分有情眾生是在劫難逃的。

把握難得的人生

如此，有情眾生若生命消逝後，將不是以往能很快再出生爲人的，因爲當今幽冥世界尚有三千餘億的有情眾生，皆期盼來到人世間出生的，不論是人種或物種皆是一個機會。因此，人世間當下有情眾生出生的機會，將會減少到百分之三而已。如此往昔可以很快再輪迴出世，往後的機會就減少了。

如此正是給予所有亡靈眾生，皆有機會到人世間來出世；但另一方面對未來的人類眾生，卻會產生很大的阻礙，會導致難以經由輪迴再造提昇超越的。所以，當今必須好好把握，人生、人身難得以修整改變自己的無明欠缺。

臭氧破洞的修整　有情世界的眾生
昔時女媧娘娘煉　五色石中補天成
金木水火土五行　融合一體氣態形
燃燒之後沖上天　黏著能量底層引

第十一章

人類的進化

第二十九回 炎黃華夏未來子孫

炎黃華夏的未來子孫

廿一世紀當中，將有未來科技文明的提昇，而華夏炎黃子孫將扮演舉足輕重的角色。爲何如此呢？這是因爲新任本區主掌上任時，即開始協助建構華夏炎黃子孫「道德、倫理、綱常」的施行，以提昇人類的生活水準，同時將「借將的科技文明」，下化在人道世界做未來人種的基因改造之故。

未來科技文明的前哨站

在天界的運化以及崇心這十三年光陰的努力下，已促成了天界豐富資糧源的給予，以及《大道系列叢書》的著作與弘化。

此《大道系列叢書》是未來科技文明的前哨站，提供人道世界有情眾生諸多天界豐富資糧源，讓有情眾生在此世紀，能了知整個來龍去脈是如何。

而未來的科技文明的走向，即是由天界先協助提供科技文明之後，再一步步著手，對這些科學家相互成全；也就是經由天界借將作用後，再給予這些高科技人才「心有靈犀一點通」的啓發，使其能對某一件科技物品，專注在一個定點作研究發明創造。

炎黃華夏子孫的科技應用

炎黃子孫華夏種族，歷經西洋的文明起頭之後，已將這些文明科技，透過了炎黃華夏子孫的思考邏輯，加上了中土五千年的五行八卦，以及佛家所言「地、水、火、風」這四者的應用。

未來人類的生存過程，有諸多是借用佛家的四大假合，引用了中土五行八卦，以創造諸多利於人類世界的成長。因此，未來文明必會有中土炎黃華夏子孫科技的應用。

此種科技文明，會改變當今世代人類的生存過程，同時也會將過去優良的傳統來加以保存，而有眞正道德「倫理綱常」的建構。

地球的特殊性

此地球，雖是銀河星系當中的一顆小行星而已，但對整體有情眾生而言，將有諸多是以地球作楷模的；而在借用了其他星球體的文明科技後，人類眾生將進入於一個未來的科技文明的世界。

炎黃華夏子孫的唯識理念

未來廿一世紀到卅世紀這一千年中，將是炎黃華夏子孫的輝煌時代，且是以中土爲基礎，又以台疆爲中心點，作「老水還潮」。

爲何要如此？這是因爲中土文化有諸多是以「三

綱、五常、四維、八德」作成全的。又炎黃子孫在人倫世界當中，會有「唯識思想、觀念、行徑」的施行，對整個地球能有相互的提昇。而這是在其他宗教當中所沒有的思想建構。

「唯識理論、唯識觀念、唯識行徑」的淨化，是一個有情眾生提昇超越的必要條件。而所有大寰的宗教大多在表象中教育，甚難進入「唯識理諦、觀念思想」的進化中，這即是天界協助施行佛家的「唯識理諦、唯識觀念、唯識行徑」之原因。

起心動念與上昇超越

人是起心動念的相續，一個人若無法明白人類眾生在起心動念時，是由自己的「眼、耳、鼻、舌、身、意」，進入於「色、聲、香、味、觸、法」，又如何能了知人類眾生的起心動念是如何？若只是在宗教信仰當中，行持些宗教儀規，就想一步登天，大家認爲可行否？是不能成就上昇超越的。

大道系列白話文論說唯識學

因此有必要針對當今世代有情眾生，以佛家唯識觀念，來重新訂定；但，將艱澀難解。故，《大道系列》叢書以及本書將難以理解的思想觀念及詞彙去蕪存菁，減少了諸多名相的應用。讓未來有情眾生可精進修持，能有上昇超越的機會。

如此天界透過天音傳眞，著作《大道系列叢書》的原意，即在針對現今宗教無法達至的大智慧，演繹佛家《大般若經》的總體精華，去掉許多艱深難懂的字彙，改爲簡單清楚較容易明白的字句。同時採用白話文體，以供現代以及未來高科技人才，能清楚明晰地論藏。

唯識理念漸易普化

有情眾生在此廿一世紀當中，比較容易明白自己的「起心、動念、入意、藏識」，即是通過了自己的「眼、耳、鼻、舌、身、意」，進入了末那識之後，再傳輸於阿賴耶識當中，請參閱附錄一。這其中有諸多是以西洋的淺意識、微意識、深意識、深層意識來說明，使現代人比較容易明白其知識理諦，並修整改變個性脾氣，作一世人的上昇超越。

不如此，很多有情眾生將無法有更大的回歸超越，那就不是宇宙天界的基本宗旨。所以，能了知當今天界的基本條綱是如何，就可以了知自己要往何處來著手。這是眞正讓自己向上提昇的基本作爲。唯識理念讓人深深體會其中深奧涵義，同時也明白天界的基本條綱是如何。

唯識理念與生活息息相關

唯識理念在人道世界之應用，可以提供有情眾生在信仰當中了知，每個宗教，包含：「儒、道、釋、耶、回」，以及所有新興宗教而言，每一位信仰者都有一個軀體，也都有「眼、耳、鼻、舌、身、意」六識，此六識即可觀看人世間的「色、聲、香、味、觸、法」，此外尚有末那、阿賴耶、菴摩羅……等識種，請參閱附錄一。這些是否同汝生活有息息相關？

只要是人類眾生皆有如此的具備，也必有「色塵及根塵」的接觸與應用。而色塵及根塵的相互接觸，就包含唯識理諦，加上唯識觀念，再行唯識行徑。這些在人道世界中都必應用得到的，不論是當今任何宗教，儒、道、釋、耶、回，以及所有千門萬教都是一樣的。大家想一下，只要是人類眾生，又有哪一位不用到此「心念意識」？

人類行為動作的實相

有情眾生針對所有地球當中的人種而謂之同胞，也就是只要是人，就必要有此種軀體的應用。而軀體當中，是否有眼、有耳、有鼻、有舌、有身，五根，觀看了此世界的：色塵、聲塵、香塵、味塵、觸（動）塵，五塵，來加以讓軀體應用，其過程中必要引動了自己的思想觀念之後，才會有人之行爲動作，這就是有情眾生所有生存的必須性。

大家再想一下，不論信仰任何宗教，是否皆要有以上的種種行爲動作加入於信仰當中，才可能謂之是人？而且，只要是人就有「思想觀念」的前導，只是用不同的名詞來明而已，這就是天界爲何要著作大道系列天書的基本用意。

炎黃華夏子孫「科技」與「道德」的相輔相成

同時，也讓有情眾生了知，未來華夏子孫在發展科技文明的同時，必要兼顧到人倫道德的依附。

不然只著重科技文明，而無法有「倫理綱常」道德的依附，那科技越文明，也就會越來越沉淪於科技文明的漩渦中。這就不是天界的本意。

希望大家皆明白是以科技輔助道德、倫理、綱常的建構；也同時應用人類世界的道德規範，來相輔相成提昇科技文明，那才是人類進化的出路。

科技文明來提昇　人類道德的更生
倫理綱常的建構　相互輔助相互成
道德規範作建構　有情科技如是栽
方便普及加舒適　福益人類科技作

第三十回
異次元空間

異次元空間的接觸

有情世界的人類眾生，會有很多的因緣同異次元空間來接觸。這時候一般有情眾生會以爲，只是自己眼光閃爍之問題而已。殊不知在此因緣下，經常是同其他異次元的有情眾生，已經有相互的接觸了。

人類眾生尚無法明白異次元空間，但，異次元卻能了知人道世界的一切作爲。

異次元空間的融合

有情眾生最無法明白人道世界中的一切形象，尙有異次元空間的存在呢？其實是有的，此地球有十度空間。

對此種的異次元空間，有情眾生直到今日能明白的，只有五至六度空間而已，人類眾生是生活在四度空間當中，再深一層的七至十度空間就難以明白通徹。也無法應用人類的科技文明，加以印證此種異次元空間的作用是如何？

其實異次元空間當中，正是有其他有情眾生的存在。必要了知此人類世界，不只是人類所居住的空間而已，這當中尙有諸多其他異次元空間的存在，而其存在是以人類生存為主軸，與人類以及其他物種相互融合著。此融合可由人類當今科技所能呈現的能量體來了知，不同異次元空間的存在，有不同能量體的產生。

相融而不干擾

雖然因為有情眾生的因緣，促成異次元空間相互居住在同一個地球當中。然而，人類眾生卻無法見至其他異次元空間的一切，只能了知當下所居住的實相空間而已。而異次元空間雖有諸多是同人類重疊在同一時空當中，卻也井然有序不會相互干擾及糾纏。

地球又稱地冥星

在此種因緣下，地球有不同次元的生活，有人類所居住的空間，也有其他眾生所存在的空間，所以又稱為「地冥星」，光由「地冥」兩字就能了知，不只是有情人類眾生所居住的空間而已。

且此空間有個冥夜的存在，此種冥夜就提供了，人類世界所證明的黑暗物資的存在。而此種地球當中的黑暗物資，就整體宇宙來觀，其能量大小是難以同銀河系的黑暗物資來相互比擬的。

異次元空間的生存依附

此外，空氣的存在是大家明瞭的，是有情眾生所必須要的，但陰冥物資的存在，就不是人類科技可以證明的。

陰冥物資將提供一個相互輔助的空間以及氣場的轉換。

有情眾生在生存的過程中，能了知人類眾生必要有空氣的存在，同樣的在不同異次元空間就必要有不同氣場的存在，也就是有什麼資質就有什麼氣場，來提供不同異次元空間眾生的吸納。

這種不同氣場的氣流，輔助了不同異次元眾生的生存依附，讓不同異次元的有情眾生，可以相互生存在此空間中，而且相互的輔助與相互成全。

生存空間的變換

不同層次空間皆有其生存依附的條件，人道世界的有情眾生，是無法明白其中的道理是如何的。

就人類眾生的生存依附而言，若以整個地球的生存演化來觀，人類在整個地球，每一次「滄海變桑田」的時刻是如何存在呢？全部消滅了嗎？這是一個有情眾生最難以了知的公案。

有情眾生無法明白滄海變桑田的時候，這些原靈如何受到護佑，而能在未來中，再傳承於此地球當中。這是一個千古以來，皆沒有在人道世界之中下化的天機奧祕。

異次元空間的感應

有時另一個空間的有情眾生，侵入於人類的生活之中，會有異次元空間的感應。若以亡靈世界的第三空間而言，人類應該不會陌生吧！這就是異次元空間存在的因緣體。而高能量體所存在的第五、六、七、八、九、十空間，又是一種不同能量的空間。

這些可讓人類明白，每一位有情眾生的生存過程是如何？若不了知此種知識，就無法了解這些異次元空間；如果能明白，就可以通徹在此地球當中，會有不同的生存元素組合在一起。

夜冥的世界

人類生存的空間中，日辰所照耀之後，就形成夜冥世界了。此種夜冥世界不是只有人與其他萬物生存的空間而已，尚有其他空間存在的。

在整體宇宙空間之中，此種陰冥黑暗的世界，對人類眾生的軀體保養，有很大助益，也有一種淨化功效。人類所認知的知識方面，是否有更大的通徹，或僅是在人類世界來依附生存而已？如果是這樣，那所知就太有限了！

異次元空間存在　人類眾生相互載
眼尖一閃謂錯亂　不同物種氣體排
大道天音宇宙開　銀河星系降臨來
有情眾生智慧得　空間存在必明白

第卅一回
多次元空間

十度空間

在多次元的空間中，人道世界的有情眾生，經常會覺得眼光一閃，以爲是自己的眼茫了，卻無法明白那就是其他世界，也就是其他次元空間的生存現象。

而就此地球空間而言，這是相互存在的因緣體。若有情眾生以爲這是只有自己生存的世界，而沒有其他空間的存在，那如何說明當下天音傳真的著作呢？此著作正是人類世界加上他方世界的宇宙高能共成的。

人類眾生的生存世界是在第四度空間。又爲何會有「地冥」這名稱呢？其實在地球當中人類所稱的「地球空間」中，尚有陰冥世界－幽冥世界的存在。此幽冥世界是人類生存之後的去處，當然生存後也能上昇到五至六度空間。那麼人類眾生的生存空間只有如此而已否？不也，尚有七至十度空間，這些就不是人類的眼光，以及天眼通可以觀視清楚的。

多次元空間的物種

人類眾生與其他物種的眾生，包含胎、卵、濕、化（註：濕生指魚蝦水族之類；化生指蚊蠅蛆蟲之類。）這四種的存在，在人道世界之中有相輔相成，相互依存的關係。其中胎生的人類眾生，以及胎生的其他物種等，生存在第四度空間；卵、濕、化這三者，生存在一至三度空間。

這與現今人類眾生的知識，以點、線、面、長、寬、高、上、下、時間、空間，來衡量人類生存的空間，是不太一樣的計算方式。

多次元空間的能量體

有情眾生的生存依附當中，除了卵、濕、化以外，尚有第三空間的幽冥世界，及第四空間的人類世界，再加上了五度空間的神靈世界，以及更高層次第六空間的高能世界。除了此六度空間以外，尚且有第七度空間更高層次的能量體，再加上第八、第九、第十之不同能量體存在的空間，皆共同存在此地球當中，也同時存在其他星球當中。

一般有情眾生皆以爲只有六度空間而已，但在其他星球當中就有七至十度空間能量體的存在。對這種七至十度空間的有情眾生，正是人道世界最難以了知的知識觀念，也根本看不到此種能量體的移速過程。在崇心所著作的天書，正是高層次能量體降來著作的，剎那間就可以抵達。

每次地球大滅亡時人類的去處

有情眾生在每一次遭逢地球的大滅亡，滄海變桑田之時，是否轉寄於他方星球世界？不也，是寄存在此地球的第三空間或第五空間而已，一段時間後，會再次重新出生於人類世界。

而第五次元空間，因爲是不同能量又不同次元空間，人類是無法觀視清楚的。然而如果閃避不及之時，人類能觀視得相當清楚否？甚少的，也只是在刹那之間，能見至有個更大的能量體而已。

想窺視於整個其他次元空間，就連有「天眼通」，也難以明白透澈的。人類眾生雖然有小部分特異體質者有「天眼通或是陰陽眼」，然而皆受到能量體的局限，無法完全明白異次元空間存在的眞正奧祕。

此種能量體的局限正是人類眾生難以突破的障礙點。不然，有情眾生早已將此種的異次元空間來加以剖析清楚了，也了解到是如何和自己生存的空間相互貫穿共同存在。

特異體質者的提昇

有關多次元空間存在的作爲，在此時空的人類，有小部分的特異體質能量者可了知，但也僅部分的感知與親見而已，而一般有靈通神力者，也是一樣的。

這種特異體質的有情眾生，是否能明白自己的不足欠缺又是如何？否也，經常會凸顯自己有多麼的厲害。這種情況將造成此種特異體質者，甚難提昇超越，皆沉迷在神通靈力，而無法了知整個地冥空間，所有存在的能量體該如何來擷取、如何來獲得。也就一直處在此種「古朝代靈」的作用中，想要提昇那是根本不可能的。

此種古朝代靈往昔皆有護佑眷顧的德澤與功勳，然而現今已經進入能窺視整體宇宙奧祕的時空，若一直執著於往昔一切的功勳與神通靈力，是難以有更大上昇超越的。

人類世界的空間　一至十度難明顯
有情眾生在四度　前者可明後難演
幽冥世界在三度　一切掌理眾生渡
生死簿上作分明　未生之前已分殊

第卅二回
有情眾生 基因提昇

基因改造的需求

人道世界當下，有諸多的因緣來改善生存空間，以提昇未來的福祉。在歷經諸天界次次回回的共議之後，決定改造人類眾生的基因，並經由「借將」作用，提昇地球空間的生存。

此過程中也必須先協助地球上的「古朝代靈」淨化提昇，才會有現今世代科學文明的創造，對當代有情眾生才會有更大的福祉。

中西優良傳統必要融合

當今人類眾生的生存當中，有諸多科技文明是經由借將作用加入的。這些科技是延續著過去第一至二週期的文明。雖然是以科技文明來加入，但卻也是將古老的優良傳統植入於當今世代，對有情眾生將有很大的福祉。

可以觀當今世代的一切科技，有諸多是往昔所無法達至的科技文明，為何會如此？就是將往昔優良傳統加以保持，並加上「借將」作用的提昇，建立科技文明的基礎工程之故。

因此廿一世紀當中，正是中土炎黃子孫揚眉吐氣的時代。然而中土炎黃子孫必要能低心下氣，來開創人類世界科技的福祉，也必要融合中西兩方的優良傳統而相輔相成。因為彼此是同處在一個相同的地球空間中。

婚配與借將的基因改造

基因改造符合未來科學的趨勢。此地球空間中，經由中土與西方世界的相輔相成，可提昇人類眾生的基因本質。若不如此，仍沿續往昔的文化，想要對人類眾生有更大的福祉，那無疑是緣木求魚。

因此天界協助地球空間，未來有情眾生的基因本質，作一個大大的提昇與改造。可以觀這一、二十年左右，人類眾生的婚配已能達到整體地球空間，基因本質相互輔助的改造，且已形成一種趨勢。人類眾生在婚配的組合中，是最容易改造基因的。

再加上「借將」二百餘萬位高科技人才，下化於此人道世界中來出生的同時，也將過去人種的不良基因來提昇。如此未來的子孫中，就會具備這種外太空的能量。之後下一批次高科技人才，又會降來繁衍人類生存的基本因質。所以對未來人種的提昇，將是無可限量的。

地球空間的改造

基因本質的改造，可輔助一般有情眾生的不足。一般有情眾生的生存取向當中，常會有諸多其他星球體所沒有的無明障礙。

故而天界即借將來提昇，並歷經所有天界各宗教的教主、聖尊等相互共議，決議對此科技文明，將以西方爲根基者，之後再拓展，然後以中土爲發揚者，那兩者就可以相互輔助在一起了。如此，對所有儒、道、釋、耶、回的宗教，以及當今所有新興宗教在內，都可以作一個全盤的大成全。同時也將這種天機良緣下化於《大道系列叢書》當中，促成了著書的「崇心堂」能有更大的豐富資糧源作成就。

而今已漸漸了知此種因緣的下化，人道世界也慢慢在接受了。若能將此種天機作完整課程的下化，並使人類眾生基本因質作更大的提昇，對未來有情眾生將有相互輔助的因緣本，以創造更豐富的德澤與福祉。

免疫力提昇由人類自己來

當今世代有情眾生，對人類世界的災難一直不斷，會懷疑難道老天爺不管否？不也！這是一個天時脫序的反覆循環，若無此天時脫序，又如何能有更寬廣的文明科技。

而這些文明科技的對治方法，早已下化在人道世界之中，同時也對這些借將作用的高科技人才，加速「心有靈犀一點通」的感應，促成人道世界的科學應用，那才是如實性！

不然，老天爺都一直幫人類做好好的，就不是一個良好的上上之策。因爲有情眾生會以爲一切皆有老天爺可以幫助操持，眾生就會怠惰也沒有感恩之心。

所以人類的災劫雖然會一直不斷，但皆能逢凶化吉，甚且可以創造更多在其他星球體早已存在的科技文明。

如此，大家會以爲老天爺不慈悲否？不也！相反的，是讓人類眾生對自己免疫力的提昇與成長，可以有更大創造。

昊天運化人類科技的成長

宛如天下父母親照顧兒女一樣，難道一生一世都要操心？兒女長大了，也要讓其有自力更生的機會，那才能讓兒女等有免疫力的成長，也同時有更大的受益，而不會一直仰賴父母親的照顧。

這種自力更生的機會是一個成長的原動力，也是一個刻不容緩的成長，是必要如此的。

雖然人類眾生的災劫一直不斷，相對的，天界也提供了很多的方法與良策，對人類的科技文明，將有如實的成長。然而老天爺也會一直在旁邊來照顧與觀視，宛如父母一般，在旁邊觀看監督著自己的兒女等，是否應該放手了，如果能自力更生，則可安心，若有必要之時，也不會袖手旁觀。必要出手之時老天爺決不吝嗇，也會提前將問題先作警惕，讓人類可以有先預防的能力。未來在基因本質的改造過程中，人類經過了災劫一直不斷的侵襲之後，才會了知老天爺的用心良苦，也宛如父母對自己兒女一樣，永遠皆替兒女來著想。

天界宛如父母親照顧兒女

人類世界的有情眾生，是否可以體會老天爺宛如父母一般無時無刻的照顧否？必要有部分的破壞才能有眞正未來的建設，因此會有部分是在劫難逃。在一個重新來過的局勢中這是必要的。這絕不是老天爺的不慈悲。這其中各人的因果關係，也會間接的影響自己是否「在劫難逃」或是「遴選人才」的提昇。

這在天地演繹的過程是必要的，不如此又如何有更大的高科技文明，總是在犧牲了一部分人種的災難之後，大家才會引以爲戒，而想要改造提昇。不然人類每次都是等到大災劫過後，才會想到要改變。而這也就是人類眾生的基因本質，爲何要修整改變的契機。

總之，也唯有對大家放手才能有免疫力的提昇，不然就永遠都依賴父母親的照顧了。人世間有壓力才有反彈力，也能有更大的免疫力，能明白否？

改造基因的本質　上蒼會議是如此
宛如父母護兒女　提昇超越返天池
災劫不斷必修整　提昇改造更興盛
文明科技已加速　創造研究福祉生

第卅三回
優良基因 提昇能量

提昇優良基因的能量

以大寰天地所有的眾生來觀，皆是以基本因質創造自己的生存取向而已，很難有超越的更優良基本因質。

廿一世紀當中，經由天界的協助，可使有情眾生經由人道世界的生存提昇能量，甚且改造爲更優良的基因。如此也才能符合未來的生存依附，可使未來眾生的生存更舒適、方便以及普及。

能量提昇有助知識、智慧的提昇

人類眾生往往無法明白，爲何要有此種優良因質的能量加添。一般有情眾生最大的能量體只有近四千單位能量而已，甚難再提昇。而大部分有情眾生只有三千單位能量，一直處於低能量之下是無法啓動超越的功能作用。

必要明白人世間的能量，若是一直處在此種三千單位的能量體，恐怕難有更大的知識、智慧的提昇。如此，也就甚難眞正體悟人道世界生活的局限。這是一般宗教當中的有情眾生，經常會有的矛盾與障礙。常認爲自己的信仰是很如實的，卻又難以化除人世間所有的局限障礙。因此雖在信仰宗教中，仍難有更大的超越。

了知「天地演繹」有助心靈提昇

有情眾生在宗教信仰之中，常因自己知識領域的不足，對宗教信仰的知識與智慧難以增長，以至於明明知道自己的矛盾，但卻是無法體悟出該如何來改除，而讓自己一直存在一種甚難提昇的障礙中。

此種的矛盾與無明若不能化除之時，不論你在任何宗教之中修持信仰，也很難有更大的成長。這問題對一位眞修實練者，是一件相當殘忍的事，但若是對一般宗教信仰者，會覺得可有可無的。

必要了知此一生進入於人道世界中，正是針對自己的「心性與靈性」這兩者來提昇。然而，若不能了知「天地演繹的創造」爲何，其造化又是如何？想要一世人達至向上成長超越，那是甚難的。

必要了知天地演繹的德澤，正是護佑一切有情眾生，不只是人類眾生而已，甚且擴及所有眾生。

人道世界是提昇的關鍵

未來的有情眾生，皆期盼能出生在人道世界之中，並藉由人道世界的基因與能量，來達到提昇。

現今幽冥世界中，尚有三千餘億的有情眾生，一直在等待著來人類世界出生。甚至，不論是出生爲人種或物種皆可。必要了知，在此大寰世界，若是出生爲物種者，能有長養眾生溫飽的功德，累積了數次生爲物種，被吃之後，就能有機會出生爲人種了。

而已經出生爲人者，是否可以明白，在幽冥世界所有等待的這些三千餘億的亡靈眾生，一直期盼能有更大的天機良緣，來人世間出生爲人。大家想想會有多少的機會？甚少的！此機會原本有百分之五十左右，未來只剩下百分之三而已。

有情眾生不分別是人種與物種，都有公正平等機會來提昇。然而，該如何向上提昇呢？則須經由人類世界將基因本質向上成長提昇。至於是否能有更大的收益與回獲，則觀自己的取捨是如何？

八識淨化才能提昇

一般人能有正道的宗教信仰已是大幸。然而若想在一世當中有更大的提昇成長超越，就是不可以一直執著自己的固化作爲。必要如實了知「天地演繹的德澤」是如何？人類眾生的生存過程又是如何？

人類對此認知有很大的差別性，一般眾生會認爲人道世界的生存，只是爲了吃、喝、拉、撒、睡，以及傳宗接代而已。然而對一位眞修實行者，就不是如此的行徑，必要先淨化自己八識田中一切的垢識種因，方有機會向上成長淨化。不要一直以爲在宗教付出犧牲奉獻很多，就是修行，那只是換取一個未來的福報而已。人類眾生是需要透過「心念意識」將自己的八識淨化，才得以提昇「心性與靈性」的成長。

而此種天機良緣早已下化於人道世界中。也就是崇心所著作的《大道系列叢書》。

大道真實理諦必要了解

《大道系列叢書》的內容是針對所有人類眾生的矛盾與無明予以剖析，每一冊各有不同的主題，以針對不同眾生的需要，同時也將高層次天界的眞相下化於其中，讓人類千古以來的晦暗無知得以化除。

這種天機的揭露，可以給予當今的有情眾生，能眞正明白大道的眞實理諦，以及該如何作成就。其中包含宇宙的大道，天地演繹的大道，人類眾生的大道，種種加在一起，可提供在此一世中能眞正的超越，不知大家感覺如何？這是很值得珍惜的。

細數人世的因緣　基因改造是過遷
優良因質加能量　創造人類福澤添
有情眾生人與物　皆有機會來相觸
公正平等大道基　必要提昇能兼顧

第十二章

「崇心演義」的基因再提昇

第卅四回
崇心演義 自體發光

能量加添與自體發光

有情眾生於此廿一世紀當中，在宗教的信仰洗禮過程中，經常會造成很多的無明，使自己很難提昇，以達到自體能量的增加與發光。一般人也只是隨順著自己的生存取向而已，很難提昇能量。

要了知自己的能量體若無法發光，也就是沒有能量的加添。

DNA-RNA-QNA與自體發光

有情眾生只是明白基因本質DNA而已，甚難了知，提昇能量後，會有更大成全的RNA。且無法明白，在人道世界中提昇能量是可由自己來創造的，而自體發光就是一種能量加添的現象，同時可促成自己有增加能量的動源，這也就是QNA的基本造就。

如此才能有更大的受益。必要讓自己在此廿一世紀當中，能有眞正超越回歸的動作，以免遭受時代淘汰。

崇心演義的緣起

爲何會有「崇心演義」呢？先從崇心堂的設立說起，當初天界設立崇心堂之前，即經過三十年的嚴格篩選與考核，設堂之後，再考核十年左右的時間，使其能經由不足欠缺與錯誤的重新修整與改變，而能有更大的能耐以承擔此重責大任。

而「崇心演義」的基本作為，在天界方面，是以一位宇宙高能為主，一位為輔，相互合作，來導引四億佛子的提昇超越，詳見附錄一。在人道世界方面，如今由理心光明禪師來主導所有「崇心演義」聖務的開創，詳見附錄一，以及主理所有未來回歸的四億佛子，及借將二百餘萬位高科技人才的集結與回歸，並針對當今人世間所言之「封神演義」予以更高層次的再提昇以免停留在封神演義中，難以回歸超越，詳見附錄一。

崇心演義與能量加添

現今人類世界有部分地區透過天人交感進行著「再次封神演義」，這會造成彼等未來一直延宕於人道世界之中，必要再重新提昇，使其具有更超越能量體來加添，也就是能有QNA的自體發光，才能回歸超越的。這也是天界的既定政策，此政策對所有「古朝代靈」的成長提昇會有更大的受益。

此外，對整體人類眾生而言，該如何做才能有能量的加添呢？這是必須要透過思想淨化，並明晰大道眞實理諦；而其過程則首先必要有「唯識理諦」的吸收，進而有「唯識觀念」的深植之後，再來就是「唯識行徑」的依附，如此才能有結果的受益。

人道世界就是經過此一條件，將自己邁向更大的成長受益。若連一點思想觀念的淨化都沒有，那就宛如昔時「封神演義」一樣，根本都難以提昇的。這也就是天界為何要由再度的「封神演義」，提昇為「崇心演義」的主要因由，這是人世間根本不了知的天機。

大道系列叢書與崇心演義

歷經近二十年的努力，天界的《大道系列叢書》已經傳訊著作於人間世界了，這是人世間唯一殊勝的天音傳真，當今天地之間也只有這一部系列書籍而已。

本書《來自宇宙的訊息》歷經了兩任本區主掌、宇宙主掌、萬靈主宰一一親降傳訊著作。種種條件就是要將崇心演義（重新、從心）眞正闡述明白，讓人類眾生明晰崇心演義自體發光與能量體加添的意義，而將來宇宙星際其他四億餘顆星球的提昇也可以此為模範。

爾等未來所擔負的職責使命將不同於一般的宗教聖務，也不同於往昔的「封神演義」，而是如實地以「崇心演義」來提昇四億佛子的超越。期待每一位參與者都具有更大能量體的加添，也就是QNA自體發光，如此方有團結的大力道作融合，將崇心演義來加以成全。

思想淨化、自體發光與神通靈力

崇心演義為何要有如此的作用？因為對人道世界的古朝代靈，以及借將二百餘萬位的高科技人才，加上四億佛子及其他所有原靈子的提昇而言，思想淨化的成長，所成就的QNA自體發光，是比靈通神力更有看頭，也會勝過所有的神通靈力。

人道世界的神通，只局限於此地球而已，甚難達至「移地他化或移化他地」的靈力。必要以「淨化種因」爲基礎，以「靜化靈性」爲根基，再加上自體能量，才會有「移地他化或是移化他地」的能量體。也就是要具備QNA的能量體才能有其功能效益。

大家能否具足此功能效益？還是只在所傳訊的文字論述中打轉而已？必要有如實能量的加添，同時淨化自己的八識功用，而且是清清楚楚的淨化作用，才能有更大的效用。若只在紙上談兵而已，一點改變都沒有，這是不會有淨化的功能。

崇心演義的根基　淨化自己能量體
QNA 具足大能量　回歸超越是自己
封神演義重新起　引渡有情提昇機
一步一腳一個印　成長超越大道期

第卅五回
崇心演義 移化他地

不知不覺失去原始本質

人類眾生經常無法了知，生活過程必要有提昇的作用。

人類眾生的基因本質，在次次回回的反覆輪迴當中一直沈淪著，越來越難有原始的本因質。導致無法創造未來，也難以向上成長超越。

移化他地的能量體

一般有情眾生尙無「移化他地」的觀念，也無法了知「移化他地或移地他化」的基本功用是如何？這就是人類眾生的無明障礙，由於不了知自己的欠缺不足是如何？以致於很難在人類世界向上成長，也無法改造基因及增加能量。

必要了知「移化他地」的基本作爲，必要有「移化他地」的能量體，加添在自己的功能體當中。此條件是天界既定的政策，目前是由崇心宗脈來承擔此重責大任。迄今已經有初步的天機示現於人類世界，大家也漸能接受此觀念了。

為何要有崇心演義的提昇

往昔封神演義當中，所流傳的諺語「腳踏西歧城、封神榜上必有名」，此種不論好壞皆照單全收予以封神的結果，導致對天界的星宿有很大的破壞力道，並同時影響了地球空間的氣場。

古云：「要學好，不容易，必要三年期；要學壞，三日就可以。」因此歷經四千多年前的封神演義之後，由於此不良氣勢的影響，所有的改朝換代都造成很多無辜的有情眾生被殺害了，而其怨恨之氣就一直環繞於整個地球的空間，也形成每一次改朝換代後所有殺戮行爲的冤冤相報。

之後歷經兩任本區主掌的運化，協助「民選制度」推行於人類世界，才阻止了改朝換代的無辜殺戮行爲。雖然目前選舉制度尚不甚完美，但已不會再有任何的殺戮行爲，而有情眾生的生存過程也比往昔更加方便舒適與普及。

此同時天界也就藉此機緣，對以往這些「古朝代靈」來重新提昇，並與未來科技的「遴選人才」作相互的成全。如此方有今日「崇心演義」的產生，這整個來龍去脈，也已經多次闡述於《大道系列叢書》當中提供大家參考了。

崇心演義的主體架構

就崇心演義的主體架構而言，首先天界從眾多人選中，歷經30年考核遴選僅此一位棟梁才，來擔當重責大任，傳眞天音、如理如法著作天下唯一的《大道系列叢書》，作未來遴選人才提昇的參考書。

同時安排四億佛子、其他人類原靈及兩百餘萬位高科技人才的降生。及今時空又漸漸安排第二批次，近一千萬位「借將」的人才降生於此地球當中，來從事研究發明創造。因爲當下人類眾生的生存環境，雖然遭受了很多災難劫數的侵襲，但尚未對廣大的人類眾生構成很大的殺傷力，然而未來就不一定了，必要未雨綢繆。

此外，由於出生爲人的機會已越來越稀少了，「人身難得今已得」，要好好把握。所以天界也重新對「古朝代靈」，及「遴選人才」來做相互的輔助及提昇。

在崇心演義當中，天界已將「天心鏡」、「地心鏡」、「人（仁）心鏡」這三者，串連在來訊之處。不論是天界世界或亡靈世界的成就，只要是能提昇超越者，皆可由天心鏡中顯現出來。所以未來想要知道自己是否能眞正提昇超越者，皆可藉由天界串連於崇心的「天心鏡、仁心鏡、地心鏡」，這三鏡的的協助，由無形電傳視訊中所顯現的「色澤、分數、密碼、能量」就能明白的。而這結果與自己所認定的功勳德澤多少無一定關係。

崇心演義能移化他地

當今的古朝代靈，不論是曾出世、沒出世，或當下已出世者，在提昇過程中，必要明白當代台疆及神洲再次封神演義的意義是如何。其實這種封神果位只是暫定的認證，必要明白自己的能量體尚須要學習成長以達到被封神果位的實證。因此，崇心演義的基本作用，將不再以此方式引渡這些古朝代靈、靈通者、通靈者，以及行走靈山者，而是觀其能否具足自己能量的加添，爲提昇的要件。

因此，大家必要經由佛家的「唯識理諦、唯識觀念、唯識行徑」，這三者的應用，淨化自己的八識種因，將一切垢識沉澱與清除，眞正讓自己能在人世間有更豐盛的功勳，以及內在淨化的提昇，如此才能成就眞正想要眞修實練者。

一般宗教信仰者進入宗教之後，常會認爲我所信仰的爲天下第一。此人若無分別心，尚且可以通過「殁度提昇」的第一關「平等關」的考核。不然，再多再大的功勳與協助無數眾生提昇，也只適合留在人間成爲受人供養的「大師級」人物而已，根本都不能融合於所有宗教皆平等的天界。如此，又如何讓其回歸天界？甚難！

再度封神演義的提昇

人世間對過去亡靈或古朝代靈的有情眾生再度的封神演義，其果位是暫定果位，也就是先得後修，相輔相成。然而，若不能再向上提昇，自己的功勳不能再超越，自己的思想觀念不能提昇，自己的行爲動作難合乎天理，那封再大神祇的果位，又能如何？

這就是爲什麼在前任本區主掌的職掌中，必須對這些古朝代靈來加以再提昇，此也包含能量的提昇。

又其等也是有情眾生之一，甚且諸多也是四億佛子之一，可以因爲其等不知道該要如何提昇，就埋沒了上昇超越的機會嗎？不也，相反的天界也同樣的眷顧這些過去的「功勳者、德澤者、護佑者」，再次給予機會來向上提昇超越。因此，崇心未來的聖務中，會有一小部分是對此古朝代靈的幫助與提昇，予以相互的成全與照顧，如此，才是符合天界的大道聖務。

未來科技協助的移化他地

「移化他地」需要有相當大的能量才能達成，大家可以想一下，當今世代的科技文明中，使用快速的移速器，想要出離地球空間，到月辰星要多少時間？最快要一至二天光陰，但高能量體可以在剎那間就可以抵達。怎麼差那麼多？這就是能量體具足之故。

有情眾生受限於實相世界的功能作用，但宇宙高能可應用靈體加能量的轉換，而「移化他地，也移地他化」。

這兩者都必要有很強烈的能量體方可達成，大家是否會羨慕呢？不必羨慕，未來中的科技就會有此種能量體加添，也會公開在人類世界，這是相當高能量體的轉換，希望大家能很快具足這種能量體。

崇心演義的根基　必要有個移化地
針對古昔朝代靈　德澤護佑功勳依
上蒼考核的本意　有情眾生提昇機
成就超越靠自己　未來科技天德期

第卅六回
崇心演義 證果提昇

無明的障礙

人道世界的生存，會有諸多的無明障礙。當今人類皆不甚明瞭，災劫一直不斷的原因，以及天地脫序對人類災難加強之影響。

當今此地球當中的「地牛翻身」，以及海平面的上昇，將會造成未來諸多的災難。而這其實是起因於人類行爲動作的造就，又加以不能察覺，以至於形成很多災殃又難以化除，眞是於心何忍？

封神演義與動盪不安

過去的「封神演義」，由於是照單全收，因而促使這四千年來一直動盪不安，且使得每一次改朝換代之後，就會有很多人平白無故犧牲了寶貴的生命。

由於能來人世間當人是相當不容易的，若無緣無故被殺戮了，就會產生怨氣。而此種怨氣在過去這四千年左右的時光中就一直持續著。又其他空間等待來人道世界出生者，較以往為多，因此未來想要再出世為人的機會，會比過去減少很多。如此人身難得，若不改變往昔的制度，恐怕對想出生為人者，是相當殘忍的事情。

如今天界已協助摒除此種不良的殺戮行為，改用民選制度的方式，推選每個國度的領導人物。

而所有曾經歷封神演義者，也再次下化於凡塵世界中作提昇。對眞修實練者而言，其上昇超越的基本要件必要能證果提昇。

崇心演義的再超越

天界對帝制時代「古朝代靈」的重新修整改變，是由天界兩位宇宙高能合作主導，以提昇這些在昔時封神證果者，及尚未被封到果位者，並將這些全部歸納為再次的封神證果。並由前任主掌全權掌理。而此種證果是暫定果位。因此經此先得後修之後，若想要再提昇超越者必來崇心，參與當今天界所下化的「崇心演義」之提昇超越。

崇心演義的主導架構

經由崇心演義的主導架構，可將宇宙演化及天地演繹來加以提昇。人類世界是由理心光明禪師全責擔任，無形界及亡靈界由兩位宇宙高能全責擔任。

崇心這近20年來從事教育教化的努力，已使得許多第三空間與第五、六空間的生命提昇超越，其成就將不同，也就是崇心所教化的不同於一般者，早已進入「唯識學的理諦觀念行徑」中來實踐。

崇心演義證果主要因緣

崇心歷經近20年光陰，在無任何資源下，由零開始成長，其間每冊天書的著作皆能如期完成。且經由崇心傳訊而達的教化功能十分宏大，又每冊書籍的眞實理諦，皆應用《大般若經》的總體精華，對所有眾生，將有更大思惟觀念的提昇、再成長。

以上種種因緣加在一起，也促成了所有天界持續共成此殊勝因緣的開拓，並繼續集結很多天界的菁英，入於崇心作教化。

這是一種相當難得的契機，能針對現代的眾生，加強對認知與智慧的提昇，確實改變過去錯誤與不良欠缺，而達到提昇回歸超越的。

必要有此天機良緣的開創，不然會一直延宕著無法提昇。昔時封神演義之後，「護佑者、德澤者、眷顧者」皆只是福分的加添而已，很難有眞正智慧的增長，又如何能提昇超越圓滿回歸否？甚難。所以天界引用《大般若經》的「唯識理諦、觀念、行徑」，讓所有地球空間的生命體，能有此種智慧的成長與提昇，進而有具足福報的增長。也對所有眞修實煉者能有向上提昇的超越，不再像過往只有福德又沒智慧，那不是眞正的向上提昇超越。

崇心演義天音傳真

崇心演義將在近年內，完成所有大道系列叢書著作之後，即開始整體的施行，以協助眞修實練者成就之評估。未來的眞修實練者，將可經由無形電傳視訊之協助了知其成就是如何？而眞正能提昇超越者，當可透過此種科學印證的參考，由其所顯現的：能量、色澤、分數、密碼等，就能明白。

相信眞心付出者都會有眞正超越的成長，以及眞正的果位。

大道天音卅六回　完成著馨德意歸
崇心演義將開展　未來引渡佛子會
人間因緣要提昇　仙佛證果如實成
犧牲奉獻的結果　自己成長自己證

附錄

附錄一

特殊名詞說明參考

編號	特殊名詞	說明參考
1	宇宙主掌	即天父。
2	萬靈主宰	與一切原靈的分化有關。
3	本區主掌	指銀河系本區域諸天界之主掌，本銀河系有多位主掌。
4	昊天	指本區主掌所居之天界。可分東天、西天、南天、北天及中天。
5	上昇超越者	能量極高，一般指可出離銀河星系者，有時也用於可出離地球者。
6	天音傳眞著作	指神人合一之傳訊書寫。
7	崇心堂	爲大道系列叢書著作之處。
8	崇心	指崇心堂的所有資源，包含人間與天界的體系。
9	天界運化	宇宙中有自然而然的大道力量；也有諸天界以一體公平、公正、清眞、自然、無爲、惻隱、慈悲、平等、博愛之心配合自然大道而行運化之大道力量。兩者的融合可展現宇宙眞善美的平衡。
10	古朝代靈	指五、六千年來，全世界歷經改朝換代的殺戮行爲，形成因果牽纏的原靈眾生。

11	遴選人才	指無古朝代靈的因果牽纏，或是已完清因果，去除固化思想，而能進一步學習成長提昇超越者。
12	地冥星	由於地球有十度空間的能量；有冥夜的存在；有陰冥世界的存在；有陰冥物資以提供不同空間生存之吸納，故亦稱地冥星。
13	陰冥物資	即黑暗物質。
14	借將	指將已提昇的高科技人才，且與地球有很深厚因緣者，再投胎於地球，來回饋地球。
15	四億佛子	指四億位曾在人類本次文明過程中提昇的人類，如今又全數回到地球來重新學習成長，以達到更上一層次的提昇與超越。非專指佛教徒，在各宗各教各個國度中皆有。
16	理心光明禪師	依天音傳眞所示：曾於過去世協助人類眾生的成長，如今又借將降生，再來人道世界主理眾生的成就。而據禪師所言：每個人都是「過去的成就者」，重要的是當下如何活，以及如何再提昇，任何人都沒有特權的，都是重新開始的，也不宜有損高我慢之心。

17	末那識 或第七識	眼、耳、鼻、舌、身所收集到的資訊（五識），及所產生的意（六識），經過分判後就可決定是否放入「八識」倉庫中儲存，而此「分判」即是「末那識」的功用。
18	阿賴耶識 或第八識	與人的潛意識、微意識、深意識、深層意識等有關，是累世所有的知識、經驗、智慧的倉庫或記憶體，將影響一個人命運的走向。
19	菴摩羅識	指人的本識，人人具有，不受污染的本靈，如水晶球般清澈，起心動念會入八識，但不會入菴摩羅識。
20	行走靈山者	指受一股力量驅使，不斷的與各處的神靈及靈通人士交流者。
21	封神演義	指四千多年前，天界曾將人道世界有特殊功勳者封爲神祇。
22	「移地他化」與「移化他地」	兩者皆需很高的能量體方能達成，移地他化是移動「形體」，移化他地是移動「靈體」。

附錄二

原文名詞對照表

編號	本文	原文
1	（諸）天界	上蒼
2	大宇宙	虛空
3	宇宙高能、上昇超越者	高層次仙佛
4	高能	神祇、仙佛、高層次仙佛
5	本區主掌	昊天玉皇大帝
6	運化	德澤
7	星球	星系
8	地球	地冥星
9	週期	元會
10	氫融合	融合氫
11	君臣佐使	君臣使佐

附錄三

原文來訊著作之宇宙高能名號一覽表

回次	宇宙高能名號
第一回 大道起源 宇宙天音	南無虛空上德人天古佛
第二回 銀河星系 九大行星	南無燃燈古佛
第三回 地球行星 生命含因	南無燃燈古佛
第四回 上蒼德澤 天音架構	南屛道濟古佛
第五回 大道天音 玉帝恩惠	南無理心光明如來佛
第六回 第一元會：演星元會－赤龍元會	東極青華大帝
第七回 第二元會：寵吉元會－化造元會	太極天皇大帝
第八回 第三元會：蘊傳元會－德弘元會	南極長生大帝
第九回 宇宙變化 萬星受劫	北極紫微大帝
第十回 日辰能量 太陽光電	先天伏羲大帝
第十一回 月辰能量 陰冥物資	開天闢地盤古大帝
第十二回 日月星辰 天心引力	百草先師神農大帝
第十三回 地心引力	中華始祖　黃帝老祖
第十四回 地球星系 生命起源	南無阿彌陀佛
第十五回 生存依附	南無藥師如來佛
第十六回 生命科學	南無大日如來佛
第十七回 外星借將	南無燃燈古佛
第十八回 借將優勢	南無虛空上德人天古佛
第十九回 科技發明	南屛道濟古佛
第二十回 動力能源	南海古佛
第二十一回 綠能資源	南無本師釋迦牟尼佛

第二十二回 醫學科技	太上道祖道德天尊
第二十三回 人間科學	穆罕默德先知
第二十四回 中西融合	耶和華教主
第二十五回 歷史記載	大成至聖　孔夫子聖人
第二十六回 科學證明	通天教主　靈寶大天尊
第二十七回 減碳作爲	三清教主　元始天尊
第二十八回 臭氧修補	先天一炁　玄玄上人
第二十九回 炎黃華夏未來子孫	混元一炁　鴻鈞老祖
第三十回 異次元空間	宇宙主掌　元始天王
第卅一回 多次元空間	昊天金闕　玉皇大天尊玄穹高上帝
第卅二回 有情眾生 基因提昇	昊天玉皇大天尊　玄靈高上帝
第卅三回 優良基因 提昇能量	虛空無極驪山老母
第卅四回 崇心演義 自體發光	虛空無極地母娘娘
第卅五回 崇心演義 移化他地	虛空無極瑤池金母娘娘
第卅六回 崇心演義 證果提昇	無極皇母大天尊

天音傳眞（2）
來自宇宙的訊息
建議售價・250元

國家圖書館出版品預行編目資料

來自宇宙的訊息／陳漢石編著．一初版．一臺
中市：白象文化，民101.2
面：　公分．——（天音傳眞；2）
ISBN 978-986-6047-83-1（平裝）
1.宇宙 2.宗教哲學
323.9　　100026101

編　　著：陳漢石
校　　對：黃釋賢
專案主編：徐錦淳
文字編輯：蔡谷英、黃麗穎
編輯助理：劉承薇、林榮威
美術設計：何佳諠、賴澧淳
美術副總編：張禮南
副總編輯：徐錦淳
總編輯：水邊
經銷部：林琬婷、吳博文
業務部：張輝潭、焦正偉
發行人：張輝潭
出版發行・白象文化事業有限公司
402台中市南區美村路二段392號
出版、購書專線：（04）2265-2939
傳真：04-22651171
印　　刷・基盛印刷工場
版　　次・2012年（民101）二月初版一刷